ERS Vol. 06

CONTENTS

03 Makers's Note

04 Cover Story
이공계 연구실 보드게임에 온 것을 환영합니다!

12 Article
반물질을 만드는 공장, CERN

18 Article
반입자, 현대물리학의 최첨단

24 Article
실험실에 간다!

32 Article
과학자가 대답해주는 '논문이란 무엇인가?'

36 Rule
이공계 연구소 보드게임 규칙

50 Rule
전체보드와 개인보드

54 Rule
이벤트카드 완전 정리

64 Rule
아이디어카드 완전 정리

74 Rule
실험과 실험결과카드

78 Hack
과학자와 함께 플레이한 과학자 되어보기 보드게임

82 Makers
〈이공계 연구소 보드게임〉을 만든 사람들

85 Rule
이공계 연구소 보드게임 요약규칙

MAKER'S NOTE

아무도 몰랐던 과학 지식을 세계 최초로 밝혀내는 멋진 과학자들. 하지만 그 과정을 우리는 잘 모릅니다. 연구의 실제 모습은 어떨까요? 과학자가 되면 어떻게 살아갈까요? 가까이서 지켜본다면, 과학자들은 의외로 직장인과 비슷한 면이 있을지도 모릅니다.

세계적인 연구소, 유럽입자물리연구소(CERN)에서 연구했던 과학자들의 경험을 〈이공계 연구소 보드게임〉으로 만들었습니다. 게임 속에서 연구실을 이끄는 과학자가 되어 그 삶을 직접 경험해보세요.

이번 호에는 우리나라 최고의 과학자들이 기고해 주셨습니다. 게임의 모델이 된 세계적인 연구소, CERN은 어떤 곳일까요? 그곳에서 직접 연구하셨던 박인규 교수님의 경험담을 들어보세요. 게임에서 이기기 위해 통과시켜야 하는 '논문'. 논문은 과학자들에게 얼마나 중요할까요? 우리도 논문을 읽어볼 수 있을까요? 원병묵 교수님이 알려드립니다. 게임 속에서 연구하는 '반물질'이 궁금하신가요? 이강영 교수님의 강의를 들어봅시다. 과학자들이 일하는 '실험실'은 어떤 곳일까요? '실험실고고학자' 김연화 님과 함께 찾아가 봅시다.

책임편집 이동현

메이커스: 어른의 과학 Vol.06 메이커스는 동아시아 출판사의 브랜드입니다.

펴낸날 2022년 9월 30일 **펴낸곳** 동아시아 출판사 **펴낸이** 한성봉 **책임편집** 이동현
편집 최창문 이종석 강지유 조연주 조상희 오시경 이동현 김학제 신소윤 권지연 문정민 **디자인** 정명희 **표지 및 본문디자인** 안성진 **마케팅** 박신용 오주형 강은혜 박민지 **경영지원** 국지연 강지선
등록 2017년 8월 25일 서울중 바00199 **주소** 서울시 중구 퇴계로30길 15-8 [필동1가 26]

www.makersmagazine.net
cafe.naver.com/makersmagazine
www.facebook.com/dongasiabooks
makersmagazine@naver.com

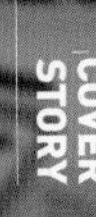

글. 메이커스 편집팀

연구실을 이끄는 과학자가 되어보자

이공계 연구실 보드게임어

연구소에 오신 것을 환영합니다. 이공계 연구실 보드게임은 세계적인 연구소에서 일하는 과학자가 되어보는 보드게임입니다. 먼저 게임의 대략적인 모습과, 전체적인 흐름부터 살펴봅시다. 게임의 자세한 규칙을 보고싶다면 36쪽부터 살펴보세요.

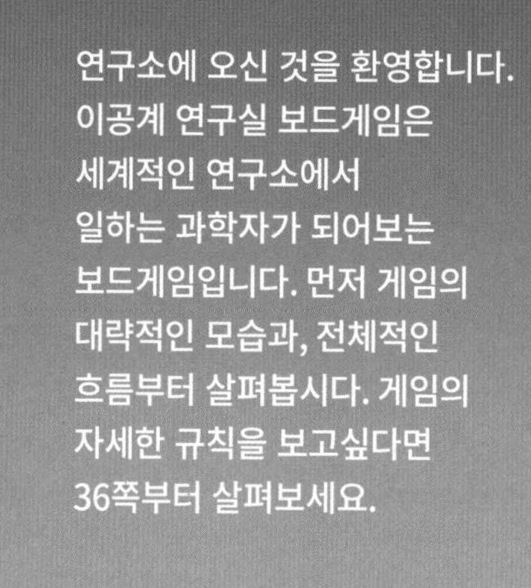

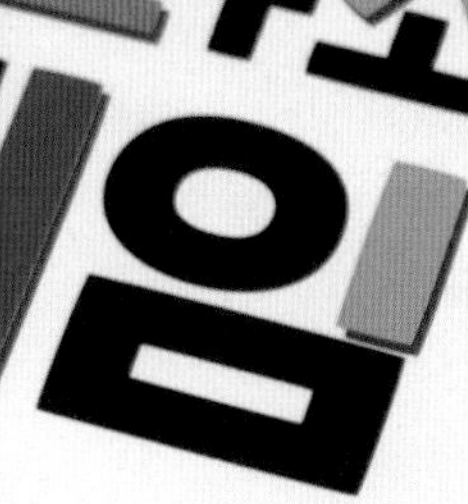

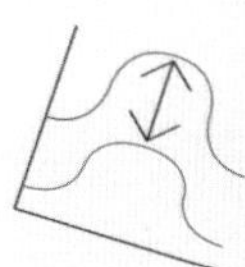

온 것을 환영합니다!

게임의 스토리

202X년, 당신이 살아가는 세계에 등장한 악당은
'반물질 폭탄'을 만들어 세계를 지배하려 합니다!

한편, 과학 따위는 관심도 없이 평범하게 살아가던 당신.
어느 날 아침 눈을 떠보니, 당신은 반물질을 연구하는
세계적인 과학자가 되어 있었고,
시간은 반물질 연구가 이제 막 시작되던 과거로 돌아가
있었습니다.
이제 당신에게 미래에 등장할 악당을 막을 기회가 주어진
것입니다.

당신의 연구실을 운영하여 누구보다 먼저 당신만의
반물질 연구를 먼저 완성하세요.
연구계획을 제안하여 연구비를 받고, 인력을 고용하고,
장비를 구매합니다.
실험에 성공해 양전자, 반양성자, 반수소에 관한 논문을
각각 한 편씩 학술지에 게재하면 승리합니다.

파산하면, 당신이 살던 202X년의 세계는 악당의 손에
넘어가게 됩니다!
당신이 살던 미래의 지구를 구하세요.
게임에 뛰어든 모든 과학자들에게 행운을 빕니다.

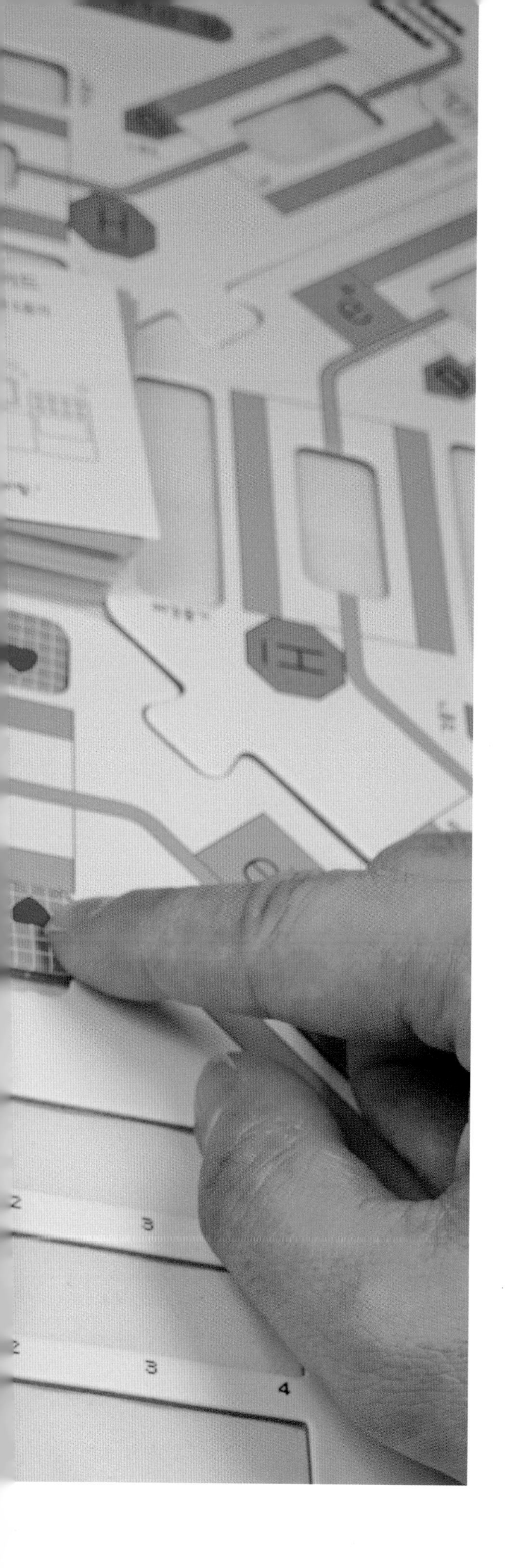

게임의 성격, 승리조건

이 게임은 플레이어가 과학자가 되어, 자신의 연구실을 이끄는 경영 시뮬레이션 게임입니다.
게임 속에서 플레이어는 자신의 연구실을 운영하는 과학자가 됩니다. 연구 아이디어를 제안하고, 연구에 필요한 실험 설비를 구매하고, 인력을 고용해 실험을 실시하여 논문을 학술지에 게재합니다. 연구를 위한 설비와 인력을 마련하는 데 필요한 돈은 연구계획을 제안해 연구비를 받아서 조달해야 합니다.
총 세 종류의 논문을 학술지에 게재하는 데 먼저 성공하면 승리합니다.

게임의 목표

게임의 배경은 2009년의 CREN(유럽입자물리연구소). 각 플레이어는 각자의 연구팀을 이끌어, 학술지에 논문을 게재하여 최초로 반물질을 발견한 인물이 되어야 합니다.

- **승리 조건:** '양전자', '반양성자', '반물질(반수소)' 각각에 관한 논문 1개씩, 총 3개를 학술지에 게재.
- **패배 조건:** 연구비 부족으로 파산.
- **대상:** 14세 이상
- **인원:** 2~4인
- **플레이 시간:** 약 2시간

게임의 모델

유럽입자물리연구소(CERN)는 실제로 존재하는 연구소입니다. 실제로 이곳에서 2000년대에 반물질 연구를 하였던 분들의 경험을 바탕으로 하였습니다.
게임 속에서 당신은 반물질을 연구하는 과학자가 됩니다. CERN과 같은 거대한 연구소뿐만 아니라, 많은 과학자들은 팀을 이루어 연구를 진행합니다. 이 게임 속에는 평범한 과학자들이 어떻게 일하는지 그 모습이 들어있습니다. 연구실에는 연구팀의 리더이자 운영을 담당하는 교수, 흔히 '포닥'으로 불리는 박사후연구원, 여러 스태프들, 학위를 따기 위해 공부와 연구를 병행하는 대학원생들이 일하고 있습니다. 그리고 자신의 연구 결과를 논문이라는 글로 정리해 발표하는데, 논문은 학술지라는 매체에 게재되어 세상에 나오게 됩니다.
반물질은 평범한 물질과 거의 같지만, 전하가 반대인 물질입니다. 물질을 이루는 원자는 원자핵과 그 주위를 도는 전자로 이루어져 있는데, 원자핵은 양전하, 전자는 음전하를 띱니다. 반물질은 이와 반대로, 음전하를 띤 '반양성자'의 핵 주위를 양전하를 띤 '양전자'가 돌고 있습니다. 거대한 입자가속기를 이용해 양전자와 반양성자를 만들고, 이 둘을 합쳐 반물질을 만듭니다. 게임 속에서 학술지에 게재할 3종류의 논문이란 이 양전자, 반양성자, 반물질에 관한 논문입니다.
이 게임을 개발한 '사단법인 변화를 꿈꾸는 과학기술인 네트워크(ESC)'는 과학문화 확산을 위한 콘텐츠로 2020년부터 이 게임을 개발하였습니다.

그림과 같이 기물을
배치하고 게임을 시작한다.
토큰은 종류별로 잘 모아두자.
차례(턴)이 돌아오는
순서는 선마커를 가진
사람부터 왼쪽으로.

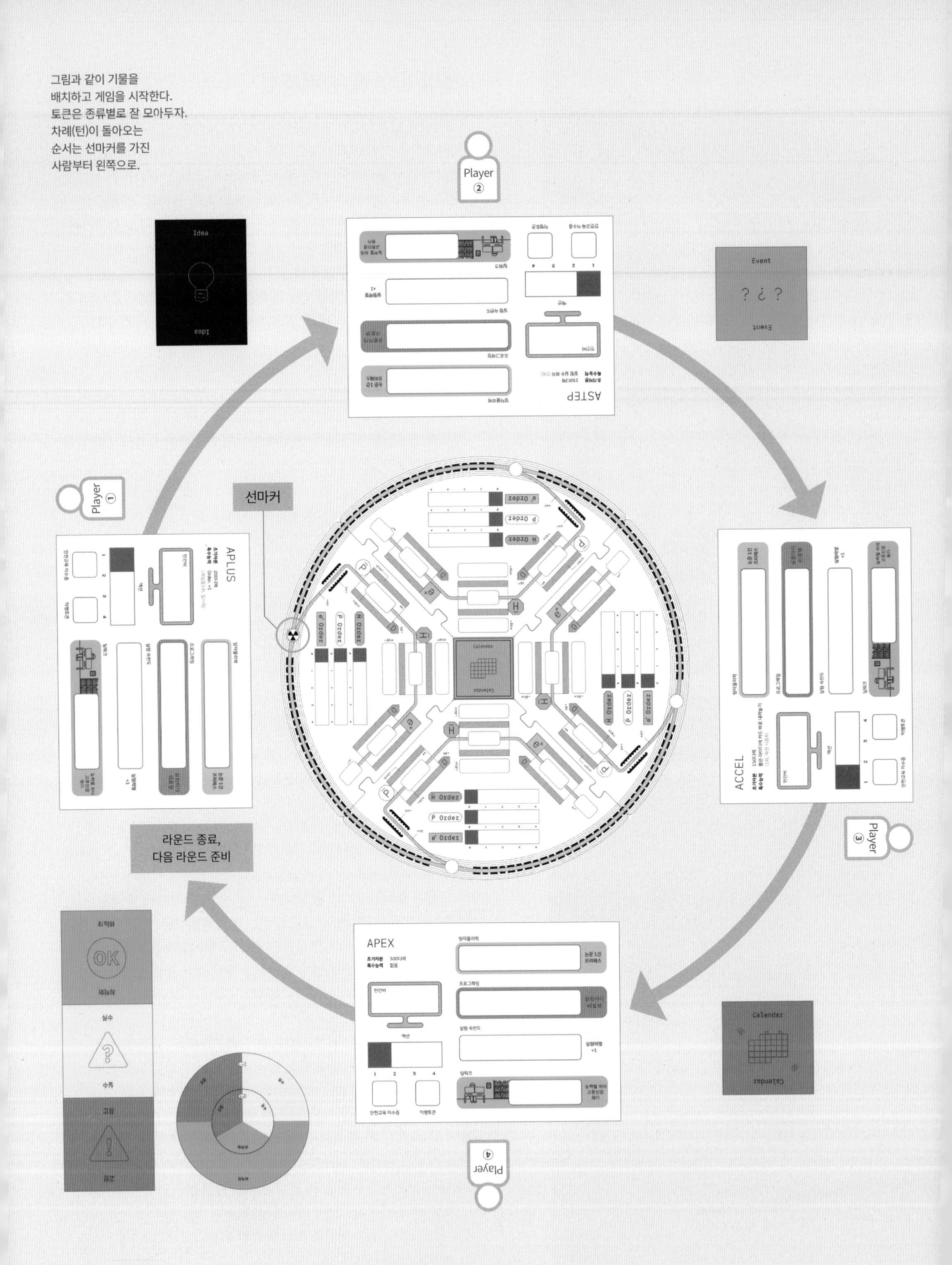

게임의 흐름

3종류(양전자, 반양성자, 반물질)의 논문을 게재하면 승리합니다. 각각의 논문 게재를 위해서는 한정된 연구비를 잘 활용하여 실험 설비를 사고, 인력을 고용하고, 실험에 성공하여야 합니다.
플레이어는 매 라운드마다 자기 차례에 여러가지 행동을 합니다. 인력 고용, 실험장비 구매, 연구계획서 제출, 논문 게재를 위한 실험 등의 행동을 할 수 있습니다. 라운드가 끝날 때마다 인건비가 지출되고, 실험 장비를 살 때도 비용이 나갑니다. 새 연구계획서를 제안하면 연구비를 받습니다. 한정된 연구비 안에서 어떤 행동을 할지 잘 선택하여 승리하도록 합니다.
세 종류의 실험이란 양전자(e+), 반양성자(P bar), 반물질(이 게임에서는 반수소, H bar) 생성 실험입니다. 각 실험을 실시하기 위해서는 실험마다 요건이 필요합니다. 먼저 각각의 실험마다 필요한 설비를 갖추어야 합니다. 그리고 각 실험을 실시할 수 있는 때가 와야 합니다. 양전자 실험은 실험 설비만 갖추어진다면 언제라도 할 수 있지만, 반양성자 실험은 자기 차례(턴)에 '빔타임'을 가진 플레이어만 실시할 수 있습니다. 빔타임은 한 라운드가 지나갈 때마다 한 플레이어씩 돌아갑니다. 반물질 실험은 양전자 실험과 반양성자 실험에 성공하고, 빔타임까지 있어야 가능합니다. 반물질 실험은 양전자 실험과 반양성자 실험의 결과가 좋을수록 성공할 확률이 높습니다.

기물 배치

전체보드 4조각을 원형으로 조립하고, 전체이벤트카드는 그 가운데 쌓아둡니다. 나머지 카드들은 전체보드 주변에 종류별로 잘 쌓아둡니다. 개인보드는 각자 1개씩 나누어 가집니다. 전체보드와 개인보드에 빨간색 큐브를 각 위치에 배치합니다. 선마커는 제일 첫 순서의 플레이어 앞에 있는 전체보드에 놓습니다. 인력토큰은 검정색 주머니에 모두 넣고, 동전 토큰 및 다른 토큰들도 종류별로 잘 모아둡니다.

라운드와 턴 돌기

네 명의 플레이어가 각각 순서대로 자기 차례에 '행동(액션)'을 합니다. 자기 차례를 '턴'이라고도 합니다. 가장 먼저 플레이할 플레이어(선플레이어)부터, 왼쪽 플레이어로 돌아가면서 플레이합니다. 이렇게 네 명 모두 한 번씩 자기 차례(턴)에 행동을 다 마치면 한 '라운드'가 끝납니다. 라운드가 끝나면 각자 인건비를 더해서 지불하도록 합니다.
한 라운드가 끝나면 '선마커'를 자기 왼쪽 사람 앞의 전체보드로 넘깁니다. 다음 라운드에서는 이전 라운드에서 자기 턴이 두 번째 순서였던 사람부터 플레이합니다. 즉, 이전 라운드에서 첫 턴에 플레이했던 사람은 다음 라운드에서 맨 마지막 턴에 순서가 돌아옵니다.

앞선 라운드에서
두 번째 턴이었던 사람이,
이번 라운드에서는
선마커를 받아 첫 턴에
플레이합니다.

Player ①

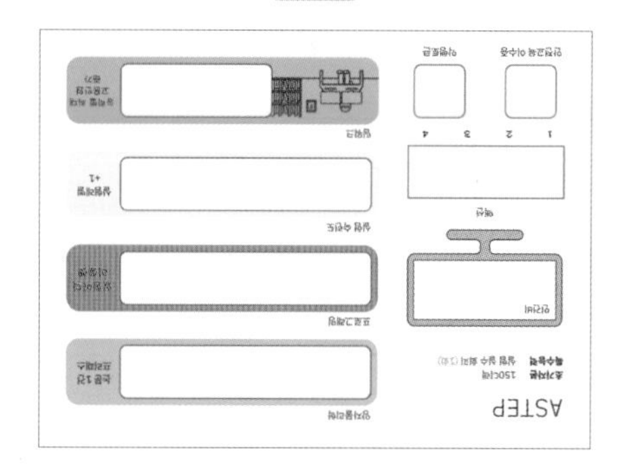

선마커의 위치를 옮깁니다.

Player ④

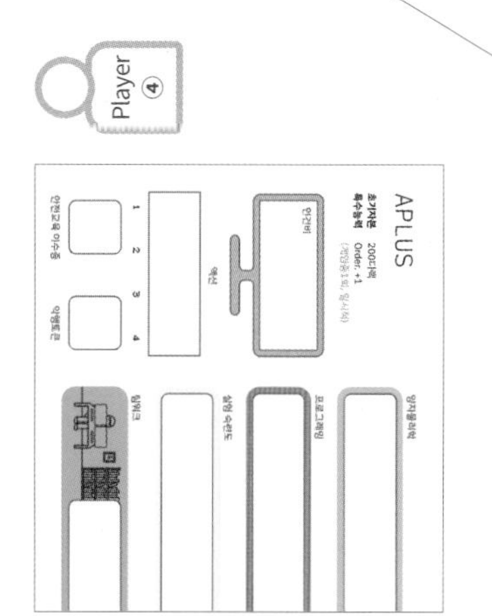

한 라운드를 끝내고
다음 라운드로 넘어갈
때, 각 플레이어의
차례(턴)이 돌아오는
순서가 바뀌는 것에
주의하자!

각 플레이어 턴의 행동

선플레이어부터 왼쪽 방향으로, 최대 4번의 행동(액션)을 하고 차례를 넘깁니다. 이 4번 안에서는 같은 행동을 중복해도 됩니다.

실험하기

이 게임에는 세 가지 종류의 실험이 있습니다. 양전자 생성 실험, 반양성자 생성 실험, 반수소 생성 실험이 그것입니다. 각각의 실험에는 실험을 실시할 수 있는 조건과 시기가 따로 있습니다.

논문: 제안, 투고, 게재

아이디어카드는 연구 논문의 주제가 되는 연구 아이디어를 나타냅니다. 플레이어는 아이디어카드를 연구계획서로 제안하여 연구비를 받고, 논문이 되어 학술지에 투고하고, 마침내 게재되게 됩니다.
각 플레이어는 자기 차례에 아이디어카드를 뽑을 수 있습니다. 뽑은 연구 아이디어는 다음과 같은 과정을 거쳐 학술지에 게재하는 논문이 됩니다.

1. **제안 단계:** '제안조건'을 맞추어 연구계획서로 제안, 연구비를 받습니다.
2. **투고 단계:** '투고조건'을 갖추면 논문으로 투고합니다.
3. **게재 단계:** 주사위를 굴려 학술지에 게재합니다.

실제 반물질은 어떻게 만들까?

게임 속에서, 반수소 생성 실험은 나머지 두 실험이 성공한 후에야 할 수 있습니다. 그리고 정해진 시기에만 할 수 있는 실험도 있습니다. 왜일까요?
반물질은 물질과 전하가 반대인 물질입니다. 이 게임 속에서 우리는 가장 간단한 반물질인 '반수소'를 만들려고 합니다.
원자는 원자핵과 전자로 이루어져 있습니다. 가장 간단한 구조의 물질인 수소는 양성자 한 개로 이루어진 원자핵 주위를 전자 1개가 돌고 있습니다. 반수소는 양성자의 반입자인 반양성자 한 개 주위를, 전자의 반입자인 양전자 1개가 돌고 있습니다. 우리는 먼저 반양성자와 양전자를 만들어 반수소를 만들고, 이 둘을 합쳐 반수소를 만들게 됩니다.

- **양전자 생성 실험:** 나트륨의 동위원소인 Na-22에서 양전자를 얻습니다.
- **반양성자 생성 실험:** 감속기에서 나온 입자 빔에서 반양성자를 얻습니다.
- **반수소 생성 실험:** 위에서 얻은 양전자와 반양성자를 합쳐서, 반수소를 얻습니다.

빔은 연구소의 모든 연구팀이 함께 사용하기 때문에, 한 팀씩 시기를 나누어 돌아가며 쓰게 됩니다. 그래서 반양성자 생성 실험과 반수소 생성 실험은 아무 때나 실시할 수가 없는 것입니다. 하지만 양전자는 실험설비만 갖추어지면 언제나 할 수 있습니다. 또 반수소를 만드는 데는 양전자와 반양성자가 필요하므로, 이 두가지 실험을 성공한 후에야 반수소 생성 실험을 할 수 있는 것입니다.

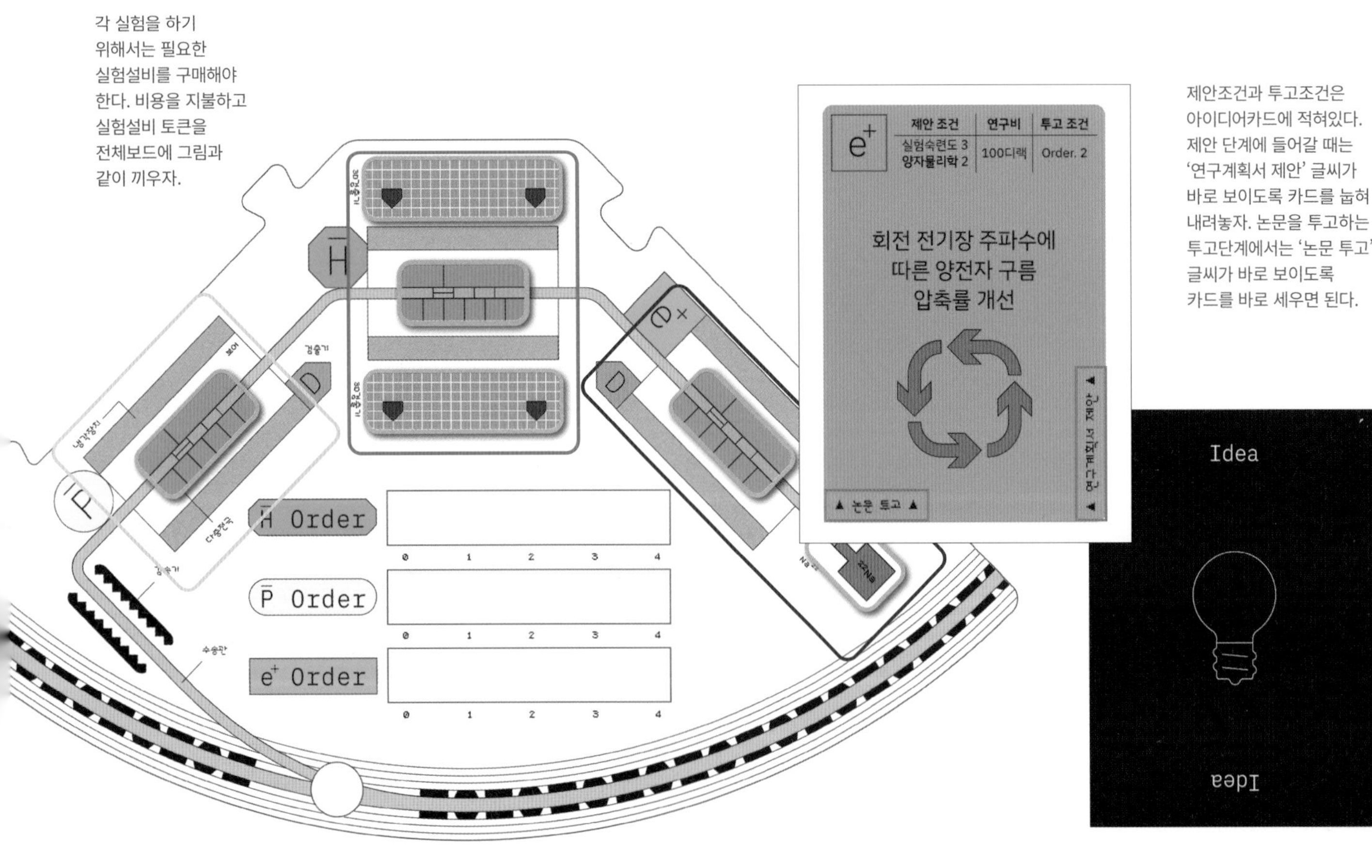

각 실험을 하기 위해서는 필요한 실험설비를 구매해야 한다. 비용을 지불하고 실험설비 토큰을 전체보드에 그림과 같이 끼우자.

제안조건과 투고조건은 아이디어카드에 적혀있다. 제안 단계에 들어갈 때는 '연구계획서 제안' 글씨가 바로 보이도록 카드를 눕혀 내려놓자. 논문을 투고하는 투고단계에서는 '논문 투고' 글씨가 바로 보이도록 카드를 바로 세우면 된다.

종류별로 하나씩,
3개의 논문을 게재하는
데 성공하면 우승!

용어 정리

- **차례(턴):** 한 플레이어가 행동(액션)할 수 있는 자기 차례를 말합니다. '턴'이라고도 합니다.
- **행동(액션):** 플레이어는 자기 차례에 여러가지 행동(액션)을 합니다. 한 차례(턴)에 4번까지 행동을 할 수 있습니다. 게임 기물 중 '차례에 하는 일'이라는 카드에 적힌 행동들이 자기 차례에 할 수 있는 행동입니다. 이 외의 행동들은 4번의 '행동(액션)' 횟수에 포함되지 않습니다. 한 차례에 같은 행동을 여러 번 해도 좋습니다. 자기 차례에 아무 행동도 하지 않거나 4번보다 적은 행동만 하고 차례를 넘겨도 되지만, 대부분의 경우 플레이어 자신에게 유리하지는 않을 것입니다.

차례에 하는 일 (4액션)

- ◇ 아이디어카드 한 장 뽑기
- ◇ 아이디어카드 한 장 내려놓기
- ◇ 실험 한 번 하기
- ◇ 논문 투고하기
- ◇ 사람 한 명 고용하기
- ◇ 장비 한 개 구입하기
- ◇ 이벤트카드 한 장 뽑기
- ◇ 고장난 장비 한 개 고치기

플레이어가 자기 차례에 행동(액션)을 써서 할 수 있는 행동들은 '차례에 하는 일'에 요약되어 있다. 이 카드를 각자 하나씩 가지고, 게임 중 참고하자.

- **라운드:** 모든 플레이어가 돌아가며 한 번씩 자기 차례(턴)에 행동을 모두 마치면 한 라운드가 끝납니다.
- **선플레이어:** 그 라운드에서 가장 먼저 차례가 돌아오는 플레이어입니다.
- **빔타임:** 노란색 원기둥 모양 마커를, 한 라운드가 돌 때마다 옆 사람에게 넘겨줍니다. 이 마커를 가진 사람이 그 라운드의 선플레이어이고, '빔타임'을 가진 사람입니다. 이 플레이어만이 이 라운드에 반양성자 실험과 반물질 실험을 할 수 있습니다.
- **카드 더미:** 카드를 종류별로 쌓아둔 것을 말합니다.
- **인력 풀:** 주머니에서 꺼낸 인력토큰을 모아둔 곳을 말합니다. 게임을 시작할 때, 모든 인력토큰은 검은색 주머니에 넣습니다. 그리고 매 라운드가 시작할 때, 그 라운드의 선플레이어는 주머니에서 플레이어수+3만큼 인력 토큰을 꺼내어 인력 풀에 추가합니다.
- **디랙:** 이 게임에 사용되는 돈의 단위입니다. 20세기 초의 물리학자 폴 디랙(Paul Adrien Maurice Dirac, 1902~ 1984)의 이름에서 따왔습니다.

글. 박인규(서울시립대 물리학과 교수)

반물질을 만드는 공장, CERN

게임이 아닌, 현실의 CERN에서는 어떤 반물질 연구가 이루어지고 있을까?

ATLAS 검출기의 사진. 게임 속에 등장하는 '검출기'의 실제 크기는 이렇게 거대하다.

CERN(commons.wikimedia.org)

게임의 배경이 되는 유럽입자물리연구소, CERN. CERN은 유럽에 실제로 존재하는, 세계적인 연구소이다. 게임 속에서 우리는 과학자가 되어 CERN에서 반물질을 연구한다. 현실 속의 CERN에서는 어떤 반물질 연구가 이루어지고 있을까? 반물질을 연구하는 의의는 무엇일까? 게임 속이 아니라 실제로 CERN에서 연구했던 물리학자인 박인규 교수의 경험을 통해 생생하게 들어보자.

CERN의 전경(위) 및 로고(아래)

"세계적인 연구소 하면 어떤 이름이 떠오르나요?" 사람들에게 이렇게 물으면 어떤 답이 나올까? 아마 '미국에서'라는 단서를 달면 십중팔구 미항공우주국 NASA라 답할 것이고, '유럽에서'라고 물으면 유럽입자물리연구소 CERN의 이름이 나올 것이다. 유럽에 다른 유명한 연구소가 없는 것은 아니지만 CERN만큼 우리에게 친숙한 이름도 별로 없다.

CERN의 이름이 대중들에게 알려진 첫 번째 계기는 아마도 WWW(월드와이드웹)일 것이다. 인터넷 주소 맨 앞에서 언제나 볼 수 있는, 바로 그 'WWW'이다. 지금 우리가 누리고 있는 이 정보화 시대를 활짝 연 가장 혁신적인 발명이 WWW이고, 바로 그 발명이 이루어진 곳이 CERN이다. 1996년 빌 클린턴 미 대통령이 WWW을 두고 "내가 대통령이 됐을 땐 고에너지 물리학자들만이 월드와이드웹이란 것을 알고 있었다. 그러나 지금은 내 고양이도 자신의 홈페이지를 가지고 있다."*라는 농담을 띄우며 정보화 혁신의 중요성을 이야기한 것은 매우 유명한 일화이다.

지상 최대의 가속기라는 대형강입자충돌기 LHC(Large Hadron Collider)도 CREN에 있다. 이 거대 가속기는 둘레만도 27km이다. 크기도 놀랍지만, 자그마치 14조 eV(전자볼트)란 어마어마한 에너지를 만들어 낼 수 있는 입자충돌기로도 유명하다. 2012년에는 힉스(Higgs)입자를 발견했다고 하여 각종 뉴스를 장식하기도 하였다. 기독교가 뿌리내린 서구 세계에서는 '신의 입자'란 이름 때문에 특별히 더 관심을 받기도 하였다. 이렇듯 CERN은 지속적으로 여러 매체들에 소개되며, 물리학자들뿐 아니라 대중들에게까지도 널리 알려진 이름이 되었다.

아마 이 글을 읽는 독자들은 CERN을 어떻게 읽어야 할지 난감해할 수도 있겠다. '씨이알앤'으로 읽어야 할지, 아니면 영어로 '썬'이라고 해야 할지, 그것도 아니고 스위스 제네바가 불어권 지역이니 '쎄른'이라고 읽어야 원어민 발음에 가깝지 않을지 고민할 것 같다. 사실 세 가지 모두 맞다. 다만 영어로 '썬'이라 발음하면 Sun(태양) 또는 Son(아들)과 혼동이 된다. 물론 이는 우리 한국인의 발음상 그렇다는 것이다. 그래서 굳이 영어로 읽을 때는 'r'을 염두에 두고 '써~언'하고 발음하면 된다. 물론 '쎄른'이라고 읽으면서 약간의 잘난 척을 해도 좋다. 불어로 어느 정도 의사소통을 할 수 있다면 말이다.

* "When I took office, only high energy physicists had ever heard of what is called the World Wide Web. Now even my cat has its own page." - Next Generation Internet Initiative, Bill Clinton, 1996

반물질 공장으로 가는 길

CERN은 관광명소로도 유명하다. 유럽의 초등학생과 중고등학생들이 즐겨 찾는 곳이다. 매주 주말이 되면 학교별로 버스를 대절하여 오는 학생들과 삼삼오오 소그룹으로 찾아오는 방문객들로 북적인다. 소문에 의하면 살인적인 물가를 자랑하는 제네바 시내를 피해 CERN의 식당에서 값싸게 점심을 해결하러 방문하는 사람들도 꽤 있다고 한다. 물론 요즘은 방문객들이 접근할 수 있는 영역이 따로 정해져 있어 따로 가이드가 있지 않는 한 쉽게 CERN 내부를 속속들이 들여다보는 것은 힘들다.
특히 가속기가 가동되고 있는 공간이나 특별히 실험장치가 만들어지는 공간이라면 일반인들의 출입이 허용되지 않는다. 물리학자라고 예외는 아니다. 실험에 참여하고 있는 연구원이고 CERN의 공식 출입 신분증을 가지고 있다 하더라도 자동으로 모든 문이 열리지는 않는다. 특정 실험 공간에 접근하기 위해서는 여러 교육을 받아야 하고, 실험 공간 내에 어디까지 접근하려고 하는지 사전에 승인을 받아야 한다. 승인이 이루어지고 나면 그제야 신분증으로 문을 열 수 있게 된다. 더구나 방사능 구역이면 얘기가 달라진다. 방사선 피폭량을 측정할 수 있는 개인용 선량계도 목에 걸고 들어가야 한다. 또 그곳이 한창 실험 장비가 구축되고 있는 곳이라면 안전모와 안전화도 신어야 한다. 딱 한 번 방문하는 사람에게는 재미난 경험이겠지만, 그곳에서 매일 일해야 하는 과학자들에게는 여간 번거로운 일이 아니다. 필자도 학위를 마치고 포스트닥으로 CERN에서 근무하면서 ATLAS 실험을 위한 검출기 제작에 투입돼 본 경험이 있는데, 놀랍게도 그 때 고생했던 순간순간의 기억들이 아직도 꿈에 나타나곤 한다.
CERN 내부로 들어가면 안쪽 깊숙이 잘 보이지 않는 곳에 일반인들이 특별히 궁금해 할 건물이 하나 있다. "앤티매터 팩토리(antimatter factory)", 바로 '반물질 공장'이라는 간판이 달린 393동 건물이다.* 이 건물로 들어가는 길의 이름도 의미심장하다. '오펜하이머 길'. 원자폭탄의 아버지라 불리는 그 오펜하이머의 이름이다. 오펜하이머 길 끝에 있는 이 건물 속에는 무엇이 들어있을까?

* 실제 반양성자감속기 AD는 193동 건물에 들어있다. 393동은 193동을 횡으로 증축하여 새로 생긴 빌딩이다.

CERN 중심부에 위치한 반물질 공장 입구.

반물질이 만들어지기까지

CERN에는 수많은 가속기가 있다. 이들 가속기는 각기 독립적으로 운영되는 것이 아니고 서로 연결되어 있다. 한 가속기를 통해 가속된 빔은 다음 가속기로 전달되어 더 큰 에너지를 갖게 되고, 그다음 더 큰 가속기로 보내져 더욱더 큰 에너지로 가속된다. 그래서 CERN을 가속기 콤플렉스라고도 부른다.
가속기 콤플렉스 속을 뱅글뱅글 돌아다니는 양성자는 수소 가스에서 얻는다. 수소의 원자핵은 양성자 한 개만으로 이루어져 있어, 여기에서 전자를 떼어내기만 하면 양성자가 된다. 물론 이것이 말처럼 쉽지는 않다. 우선은 수소 원자를 가속시켜야 한다. 전기적으로 중성인 수소는 그 자체로는 전기장의 영향을 받지 않아서 가속 시킬 수가 없다. 그래서 음의 전기를 띈 수소 이온(H^-)을 사용한다. 이 수소이온은 선형가속기를 통해 가속된 뒤 얇은 그래파이트 판을 뚫고 지나게 되고, 이때 전자들이 떨어져 나가면서 순수한 양성자만 남게 된다.
이렇게 만들어진 양성자는 LHC를 통해 7조 eV란 어마어마한 에너지로 가속되기 위한 긴 여정을 시작한다. 우선은 양성자 부스터(Proton Synchrotron Booster)란 가속기를 통해 1차 가속되고, 그다음으로 또 다른 가속기인 양성자 싱크로트론(Proton Synchrotron)을 지나면서 2차로 가속된다. 이후 더 큰 SPS(Super Proton Synchrotron)와 지상최대의 가속기인 LHC(Large Hadron Collider)를 차례로 거치면서 7조 eV로 가속된 양성자들은 서로 충돌을 하고 그 거대한 에너지로부터 힉스입자와 같은 새로운 입자들이 만들어진다. 이런 복잡한 시설이 제대로 작동하는 것 자체가 기적처럼 보이지만, 이는 CERN의 오랜 역사와 기술 축적, 그리고 가속기 운영 경험이 함께하기 때문에 가능했다. 가속기 건설에 고전을 면치 못하고 있는 우리에게 CERN의 가속기 콤플렉스가 시사하는 바는 매우 크다고 하겠다.
얼핏 보기에는 CERN에는 입자 가속기만 있는 것 같지만, 이는 사실이 아니다. 입자

'감속기'란 것도 있다. 웬 뚱딴지같은 소리일까? 엄청난 돈을 들여 가속한 입자를 왜 도로 감속한다는 말인가? 앞서 말한 양성자 싱크로트론으로 26GeV까지 가속된 양성자 빔은 더 큰 가속기인 SPS로 가는 도중에 때론 옆길로 살짝 빠질 때가 있다. 2009년에 개봉한 영화 〈천사와 악마(Angels & Demons, 2009)〉를 본 사람이라면 그 영화의 첫 장면이 떠오를 것이다. 영화는 CERN의 LHC 가동 현장에서 시작한다. 양성자 빔이 가속되어 첫 충돌이 만들어지자 과학자들은 환호한다. 그러나 이내 LHC를 달리던 양성자 빔이 옆길로 새는 장면이 비춰지고, 이 빔은 비밀리에 꾸며 놓은 실험실로 들어가 반물질을 생성해낸다. 물론 이는 영화 속 설정이고, 실제로는 LHC로부터 가속된 양성자를 빼돌리는 것이 아니라, LHC로 들어가기도 전에 옆길로 빼낸다.

이렇게 옆길로 빠진 양성자는 이내 금속으로 된 벽에 부딪히고 이때 반양성자가 만들어진다. 반양성자는 양성자의 반입자이다. 음의 전기를 띈 전자의 반입자가 양의 전기를 띈 양전자이듯, 양의 전기를 띈 양성자의 반입자는 음의 전기를 띈 반양성자다. 양성자와 반양성자는 서로 전하만 다를 뿐, 나머지는 다 똑같은 쌍둥이라 할 수 있다. 따라서 이 둘은 서로 만나면 쌍으로 소멸된다. 그 반대로 반양성자가 생성되려면 반드시 양성자도 함께 생성돼야 한다. 그래서 반양성자를 만드는 것은 쉬운 일이 아니다. 반양성자는 7GeV 이상의 고에너지 양성자를 타깃에 때려야만 겨우 생성된다는 것이 입자물리학 교과서에 잘 나와 있다. 따라서 반양성자를 만들기 위해 일단은 큰돈을 들여 양성자를 가속해야만 한다.

이렇게 생성된 반양성자를 잘 모아 감속기에 넣어 속도를 줄이고, 주변에 전자의 반입자인 양전자를 가져다 놓으면, 반양성자와 양전자는 서로 만나 '반수소'를 만든다. 인간이 만들어 낸 최초의 인공 반물질이 바로 반수소이다.

CERN 연구소 지하에 설치되어 있는 가속기 빔 라인들(파란색으로 표시. 박인규 교수 제공). 지상에서는 가속기들과 빔 라인들을 볼 수 없다.

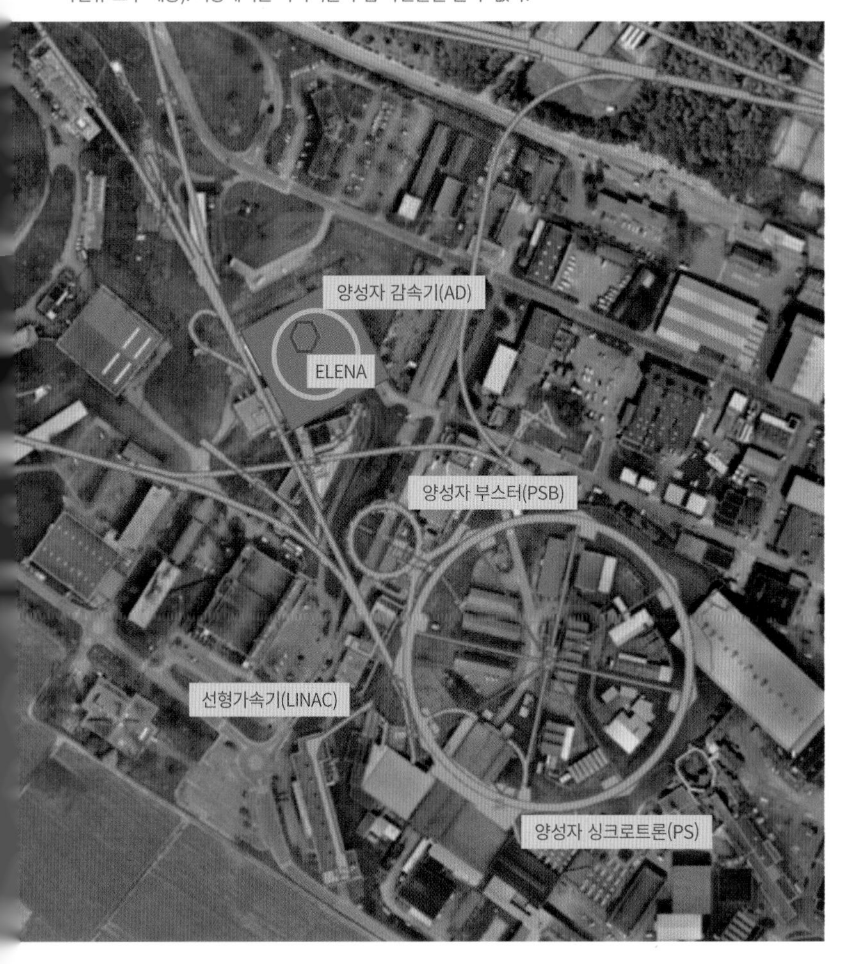

최초의 반물질, 반수소

가속된 양성자가 물질과 부딪히면서 반수소가 만들어진다는 사실은 이미 1990년대에 보고된 바 있다. 하지만 반양성자를 감속시켜 양전자와 결합시키는 방식으로 반수소가 만들기 시작한 것은 20년 정도밖에 안 됐다. 처음 반양성자 감속기(Antiproton Decelerator, AD)가 CERN에 도입된 것은 2000년이었다. AD를 통해 감속된 반양성자와 양전자가 만나 반수소가 만들어진 것은 2002년 아테나(ATHENA) 실험에 의해서였다. 반수소를 만들기 위해 필요한 양전자는 가속기를 통해 얻지 않고 양의 베타붕괴(beta plus decay)라는 독특한 방사능 붕괴 과정을 통해 얻는다. 우리가 흔히 알고 있는 베타붕괴는 전자를 내놓는 붕괴를 말한다. 따라서 베타선(beta ray)이라고 불리는 방사선은 알고 보면 음의 전기를 띈 전자선을 말한다. 양의 베타 붕괴는 이런 베타 붕괴와 달리 양전자를 내놓는 붕괴를 말한다. 예를 들면 나트륨의 동위원소 중의 하나인(^{22}Na)는 양의 베타붕괴를 통해 양전자를 내놓는다. 이 양전자를 감속시켜 플라스마처럼 자기장 안에 가두어 놓고 감속된 반양성자와 만나게 하면, 이 둘은 서로 만나 쿨롱의 전기력에 의해 빙글빙글 돌면서 반수소를 만든다. 아테나 실험의 뒤를 이은 '알파(ALPHA) 실험'에서는 이런 과정을 통해 만든 반수소를 1,000초가 넘는 시간 동안 가둬놓고 관찰하는 기록을 세우기도 했다. 이렇게 긴 시간을 관측하면서 알파실험에서는 반수소가 정말로 수소와 똑같은 원자구조를 갖고 있는지를 확인해 보았다. 연구자들은 반수소에 레이저를 쏘아 특정 원자 궤도에 있는 양전자를 들뜨게 만들었고, 양전자가 원래의 궤도로 돌아올 때 방출하는 전자기파를 측정하므로써, 반수소의 원자 준위를 확인해보았다. 그 결과는 반수소 역시 수소와 동일한 원자 구조를 가지고 있다는 것을 확인 할 수 있었다. 어쩌면 너무나 당연한 결과처럼 보이지만, 이를 실험적으로 입증해 내었다는 것은 그 자체가 매우 큰 의미를 가진다. 왜냐하면 사실 과학사의 많은 발견들이 당연하다고 여겨지던 사실을 의심해보고 실험하여 얻어낸 것들이기 때문이다.

어쨌든 반물질을 만들기 위해서는 여러 가속기가 필요하고, 또 험난하고 난도 높은 기술이 사용된다. 그러다보니 반물질은 세상에서 가장 비싼 물질로 여겨진다. 반물질 1g이 대략 우리 돈으로 6,000조 원 정도 될 것이란 추산도 있다. 하지만 이는 잘못된 계산이다. 현재의 출력을 기준으로 양성자 감속기를 통해 CERN이 생산해 내는 반물질을 모두 모아 1g을 만들려면 우주의

나이보다 5백만 배나 더 오래 걸린다는 계산도 있기 때문이다. 따라서 영화 〈천사와 악마〉에서 나오듯이 반물질 1g을 만들어 바티칸을 폭파한다는 설정은 과학적으로 난센스라 할 수 있다.

새로운 실험들

둘레가 182m인 AD가 제공하는 반양성자의 에너지는 5.3MeV이다. 여전히 빠른 속도로 움직이는 반양성자라 할 수 있다. 최근에는 이 양성자의 에너지를 더욱더 줄이기 위해 둘레가 30m밖에 안 되는 작은 엘레나(ELENA) 감속기 하나가 추가되었다. ELENA는 Extra Low ENergy Antiproton의 약자로 '초저에너지 반양성자 감속기'라 불린다. 이 감속기를 통과하고 나면 반양성자의 에너지는 0.1MeV까지 줄어든다. 이 빔은 'GBAR'와 같은 실험에 공급된다.

GBAR 실험은 반수소가 지구 중력에 의해 어떤 영향을 받는지를 측정해보는 실험이다. 사실 반양성자와 양전자가 결합하여 만든 반수소의 질량은 수소의 질량과 같다. 그러니 중력에 의해서 밑으로 떨어질 것으로 예상된다. GBAR에서는 반수소를 더 감속시키기 위해 반수소 이온을 만든다. 즉 반양성자에 양전자 두 개를 더해 양의 전기를 띈 반수소 이온을 만드는 것이다. 그 뒤에는 소위 '레이저 쿨링'이란 방법을 통해 반수소의 온도를 거의 절대온도 0도에 가깝게 떨어뜨린다. 이렇게 차갑게 식어 천천히 움직이는 반수소는 지구 중력에 의해 떨어지면서 실험장치 바닥에 도달한다. 그러면 물질과 만나 사라지면서 에너지를 내게 되는데, 이를 통해 아인슈타인의 등가원리를 테스트해볼 수 있다. 물질과 반물질은 그들을 구성하는 기본 입자들의 전하가 모두 반대라는 것만 제외하고는 둘 다 똑 같은 질량을 갖는다. 따라서 반물질이 중력에 대해 물질과 다른 행동을 보인다면, 이는 곧 아인슈타인의 일반상대론이 물질과 반물질에 대해서 비대칭적으로 작동한다는 것을 의미한다. 그렇다면 노벨상은 따 놓은 당상이다.

ELENA 감속기(박인규 교수 제공)

Suaudeau(commons.wikimedia.org)

악마는 디테일에 숨어있다.

어찌 보면 GBAR 역시 ALPHA실험과 같이 너무나 당연한 것을 실험을 통해 입증하려고 하는 것 아닌가 하고 물어볼 수도 있겠다. 지금까지의 아름다운 이론물리학의 대칭성을 생각해보면, 질량이 같은 입자와 반입자가 중력에 대해 다른 행동을 할 가능성은 없어 보인다. 하지만 물리학의 역사를 보면 완벽하게 대칭적으로 보이던 입자들의 세계에서 뜻하지 않게 반전성이 깨짐을 발견했다. 또 처음 빅뱅을 통해 우주가 만들어졌을 때는 분명 입자들과 반입자들이 똑같은 양으로 생겨났을 것이다. 그런데 지금의 우주를 보면 반물질은 모두 사라지고 물질들만 남아 별들을 만들고 은하를 만들어 우주를 가득 채우고 있다. 이는 입자와 반입자들 사이에 모종의 비대칭성이 있음을 의미한다. 그리고 그 비대칭성은 아주 작아 이를 알아차리는 데까지는 매우 정밀한 실험을 요구한다. 사실 우주가 완벽하게 대칭적으로 태어났다면, 지금의 별도 은하도 존재할 수가 없다. 별과 은하가 존재한다는 것 자체가 우주가 시작부터 아주 작은 입자와 반입자의 비대칭성을 가지고 태어났음을 의미한다. 이를 알고 있는 이상, 아무리 당연하다고 믿어지는 사실도 검증을 해봐야 하는 것이다. 악마는 디테일에 숨어있기 때문이다. 반물질 공장 CERN에서 나오는 실험 결과들이 기다려지는 이유이다.

박인규
서울시립대학교 물리학과 교수. 프랑스 파리11대학에서 입자물리실험으로 박사학위를 받았다. CERN에서 ALEPH 실험 등 다양한 실험에 참여했고, 현재 CMS(Compact Muon Solenoid) 국제공동연구에 참여하고 있다.

글. 이강영(경상국립대학교 물리학과 교수)

Ezume Images(shutterstock.com)

반입자, 현대물리학의 최첨단

반물질과 반물질 연구의 과거, 현재

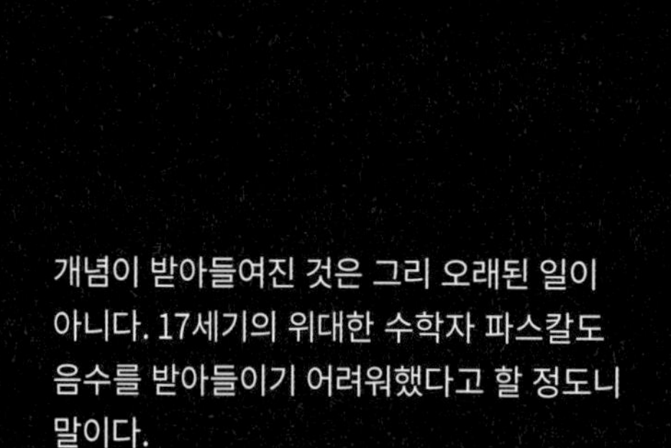

이공계 연구소 보드게임에서 우리는 반물질을 연구하는 과학자가 된다. 반물질이란 무엇일까? 반물질의 정체를 자세히 알아보고, 반물질 연구의 역사를 살펴보자. 그리고 현대물리학 연구의 최첨단, 반물질 연구의 현재를 살펴보자.

반물질이란 무엇인가

반물질이라고 하면 물질과 똑같아 보이지만 전하가 반대인 존재로서, 물질과 만나면 엄청난 에너지만 남기고 사라지는 존재라고 알려져 있다. 반물질, 혹은 반입자는 현대물리학에 의해 탄생한 완전히 새로운 개념이자 존재이다. 아주 오래전부터 사람들이 빛과 어둠 혹은 선과 악처럼 대립되는 개념을 생각하기는 했지만, 양수와 음수처럼 완전히 반대되어 서로가 서로를 소멸시키는 일이 물질의 수준에서 정말로 존재하리라고는 아무도 생각하지 못했을 것이다. 사실 수의 세계에서조차 음수라는 개념이 받아들여진 것은 그리 오래된 일이 아니다. 17세기의 위대한 수학자 파스칼도 음수를 받아들이기 어려워했다고 할 정도니 말이다.

그러면 반물질과 물질이 만나면 정말로 무슨 일이 일어나는가? 정말 +1과 -1을 더한 것처럼 아무것도 남지 않는가? 이것을 알기 위해서는 반물질이 정말 무엇인지 알아야 할 것이고, 반물질이란 무엇인가라는 질문에 대답하려면 우선 물질이 무엇인지부터 말할 수 있어야 한다. 그러므로 현대물리학에서 생각하는 물질이 무엇인지를 먼저 간단히 요약해 보자.

우리가 보통 말하는 물질은 원자로 이루어져 있다. 원자는 무겁고 (+)전기를 가진 원자핵과 가볍고 (-)전기를 가진 전자가 전기적인 힘으로 결합해 있는 상태이다. 전자는 현재 우리가 알기로는 더 이상 나눌 수 없는 기본입자라고 여겨지고 있는 반면, 원자핵은 양성자와 중성자가 강한 핵력이라는 힘으로 결합해 있는 복합적인 상태이다. 또한 양성자와 중성자는 쿼크라는 기본입자가 강한 핵력으로 결합한 상태이다. 양성자와 중성자들은 떨어져 있으면 강한 핵력을 더 이상 느끼지 못하지만 가까이 있으면 강한 핵력의 효과로 서로 결합해서 원자핵을 이루는 것이다. 결국 물질을 이루는 기본입자는 쿼크와 전자이며 이들이 강한

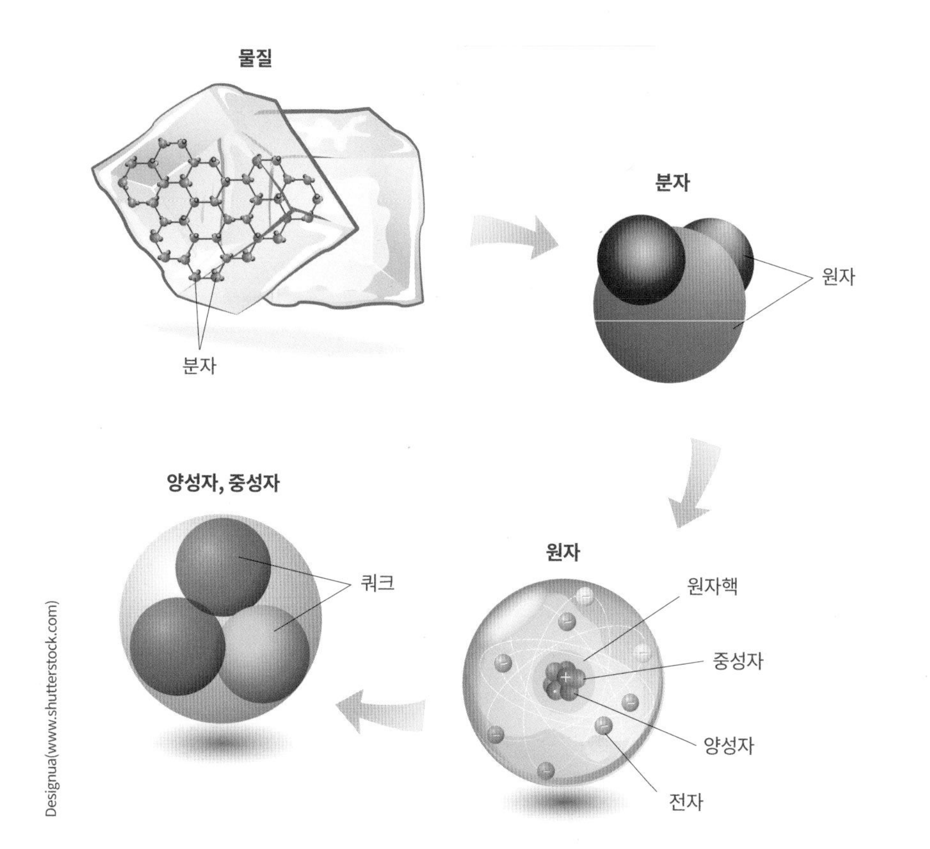

Designua(www.shutterstock.com)

핵력과 전자기력으로 결합해있는 상태가 우리가 보는 보통의 물질이다. 자연에는 강한 핵력과 전자기력 외에도 중력과 약한 핵력이라는 힘이 존재한다. 중력은 물질의 구조에는 거의 영향을 주지 않으며, 약한 핵력은 물질을 결합시키는 데는 기여하지 않지만 원자핵의 베타 붕괴 등을 통해 영향을 준다.

반물질이라는 개념은 기본입자 수준에서 정의되는 개념이다. 그러므로 우리는 우선 전자와 쿼크의 반입자를 생각해야 한다. 그러기 위해서 우선 전자란 무엇인가를 물어보자. 전자는 가장 흔한 입자이며, 우리가 잘 알고 있는 입자기도 하고, 우리의 삶에 직접적으로 영향을 주는 입자기도 하다. 보통 말하는 물질의 물리적 성질과 화학적 성질은 거의 모두 전자에 의한 것이기 때문이다.

전자가 가지고 있는 성질은 매우 단순하다. 우리는 전자의 질량과 전기량을 알고 있다. 질량은 약 9.109×10^{-13}kg 혹은 입자물리학자들이 좋아하는 단위로 말해서 약 0.511 MeV/c^2이고 전기량은 약 -1.602×10^{-19}C(쿨롱)이다. 전기량은 이 값의 크기인 약 -1.602×10^{-19}C를 기본 단위로 해서 표현하므로 보통 (-1)이라고 한다. 또한 우리는 전자가 약한 핵력에 의해 어떻게 반응하는지 알고 있는데, 전자의 약한 핵력 반응정도는 (-1/2)로 표현한다. 한편 우리는 전자가 강한 핵력에 의해서는 아무 영향을 받지 않는다는 것도 알고 있고, 따라서 강한 핵력 반응 정도는 0이다. 전자의 스핀은 1/2로 표현하며, 이에 따라 전자는 페르미온이라는 범주에 속하는 입자라는 것도 알고 있다.

이것이 모두다.

정말이다.

즉 전자의 성질은 9.109×10^{-13}kg 혹은 약 0.511 MeV/c^2, 전기량 (-1), 약한 핵력 반응 정도 (-1/2), 강한 핵력 반응 정도 0, 스핀 1/2이다. 적어도 우리가 현재 알고 있는 가장 확실한 이론인 입자물리학의 표준모형에 따르면 전자의 성질은 저 다섯 가지뿐이다. 그 외의 다른 성질은 모두 저 성질들로부터 유도될 수 있다. 이때 네 개의 간단한 수 (-1), (-1/2), 0, 1/2을 양자 수(quantum number)라고 한다. 질량만이 이렇게 표현되지 않는다는 것도 재미있는데, 이는 또 다른 심오한 문제와 관계되므로 여기서는 더 이상 이야기하지 않겠다.

그러면 이제 전자의 반입자를 생각해보자. 전자의 반입자는 뒤에 말하겠지만 역사적인 이유로 양전자(positron)라고 부른다. 양전자는 저 다섯 가지 성질 중 질량과 스핀을 제외한 나머지 성질의 부호가 반대인 입자이다. 즉 양전자의 전기량은 +1이고(그래서 양전자라는 이름이 붙었다), 약한 핵력 반응정도는 +1/2, 강한 핵력 반응정도는 0이다. 한편 질량과 스핀은 전자와 양전자가 똑같다. 이것이 전자의 반입자인 양전자의 정확한 정의이다.

그러면 이제 전자와 양전자가 만나면 어떻게 될까? 두 입자가 합쳐진 상태는 위의

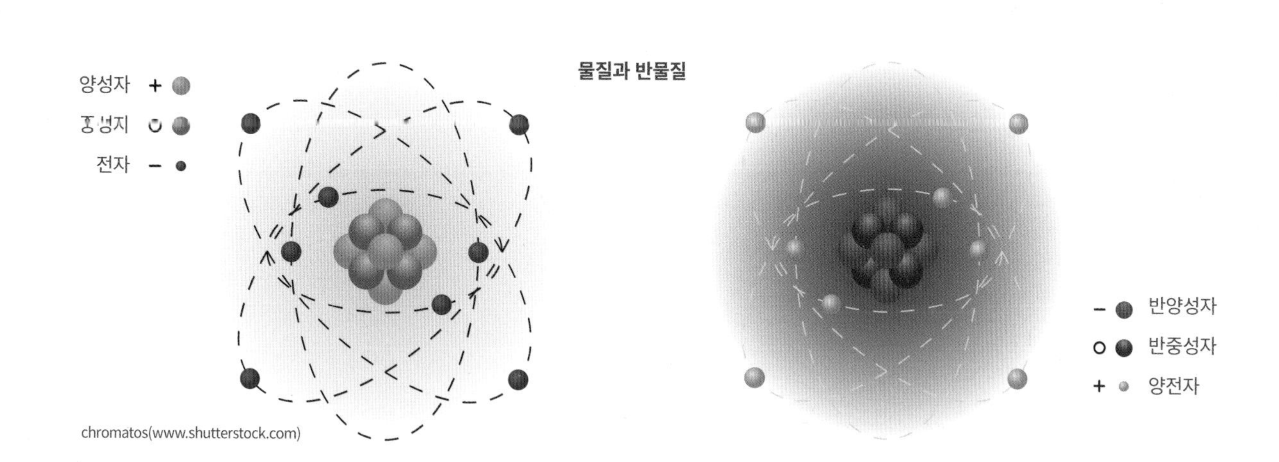

chromatos(www.shutterstock.com)

성질들도 모두 합해야 한다. 따라서 전기량도 강한 핵력과 약한 핵력에 대한 반응도도 모두 0이 된다. 정말로 소멸하는 것이다. 하지만 질량은 둘 다 양수이므로 더해져서 $E=mc^2$에 해당하는 에너지의 형태로 남는다. 또한 스핀도 역시 더해지는데, 스핀은 사실 단순한 숫자가 아니라 벡터양이므로 더해지면 1이 될 수도 있고 0이 될 수도 있다. 이렇게 에너지와 스핀 0 또는 1을 가지고 그 외의 아무런 물리량이 없는 상태는 빛으로 존재하는 방법밖에 없다. 따라서 전자와 양전자가 만나면 물질로서의 전자와 양전자는 소멸하고 빛만 남는다. 조금 더 정확히 말하자면 스핀이 0이면 짝수 개의 광자, 스핀이 1이면 홀수 개의 광자가 된다. 단, 광자 하나만은 될 수 없고 홀수 개인 경우 최소 3개의 광자가 된다. 실제로는 광자의 개수가 여러 개가 나올 확률은 급격하게 낮아지므로, 스핀이 0이면 광자는 2개, 1이면 3개가 된다고 할 수 있다. 이렇게 전자와 양전자가 만나서 물질이 사라지고 빛만 남는 현상을 쌍소멸(pair annihilation) 이라고 한다.

이제 전자의 반입자인 양전자가 무엇인지, 그리고 전자와 양전자가 만나면 정말로 무슨 일이 일어나는지 보았다. 그러면 또 다른 기본입자인 쿼크의 경우를 보자. 쿼크 역시 전자와 마찬가지로 다섯 가지 성질만을 가지는데, 그 값은 모두 다르다. 양성자를 이루는 쿼크 중 하나인 업(up)이라는 이름의 쿼크를 보면, 실량은 약 2.16 MeV/c^2(앞으로는 이 단위만 쓰겠다), 전기량 +2/3, 약한 핵력 반응도 +1/2, 스핀 1/2이다. 강한 핵력 반응도는 훨씬 복잡한 수학적 개념으로서 단순한 숫자로 나타내어지지 않는다. 따라서 여기서는 자세히 설명하지 않고 일단 쿼크의 강한 핵력 반응도를 +1이라고 하겠다. 이제 반-업쿼크를 생각하자. 전자의 경우와 마찬가지로 반쿼크는 질량과 스핀은 같고 나머지 숫자의 부호는 반대인 입자이다. 즉 전기량은 –2/3, 약한 핵력 반응도는 –1/2이다. 그리고 강한 핵력 반응도는 –1이라고 할 수 있다. 그렇다면 이제 쿼크와 반쿼크가 만나면 어떻게 될지를 생각해보자. 역시 전기량과 약한 핵력 반응도는 상쇄되어 사라진다. 질량은 쿼크와 반쿼크의 질량을 합친 양이 에너지로 남고 스핀은 0 또는 1이 된다. 강한 핵력 반응도는 단순한 숫자가 아니므로 합해서 0이 될 수도 있고, 8중항이라는 더욱 복잡한 수가 될 수도 있다. 만약 쿼크와 반쿼크가 만났을 때 강한 핵력 반응도가 0이면 전자의 경우와 마찬가지로 빛이 된다. 그러면 전자의 경우와 같이 스핀에 따라서 2개(스핀 0) 혹은 3개(스핀 1)의 광자가 된다. 만약 강한 핵력 반응도가 8중항이 되면 빛이 아니고 강한 핵력을 매개하는 입사인 글루온이 된다. 글루온의 스핀은 빛과 같으므로 스핀이 0이면 2개의 글루온, 1이면 3개의 글루온이 된다.

이제 기본입자 수준에서 입자와 반입자를 정의했다. 그 이상의 물질은 기본입자가 결합한 상태이므로 자연스럽게 정의할 수 있다. 즉 양성자는 2개의 업 쿼크와 1개의 다운(down) 쿼크가 결합해있는 상태이므로 이 쿼크들을 모두 반쿼크로 바꾸면 반양성자가 된다. 반중성자도 마찬가지로, 중성자를 구성하는 1개의 업 쿼크와 2개의 다운 쿼크를 모두 반쿼크로 바꾸면 반중성자가 된다. 이제 반양성자와 반중성자가 준비되었으니, 이들이 결합하면 반-원자핵이 만들어진다. 여기에 양전자들이 결합하면 반-원자다. 반-원자로 이루어진 물질이 있다면 이를 반물질이라고 불러야 할 것이다.

그러면 이제 반-원자를 만들어 보자. 가장 간단한 형태의 원자는 원자번호 1번인 수소로서, 원자핵이 중성자 없이 양성자 1개로 이루어져 있고 전자도 하나다. 즉 양성자 하나와 전자 하나로 이루어진 원자다. 따라서 반-수소는 반양성자 하나와 양전자 하나로 이루어져 있다. 반-수소는 이렇게 간단한 구조이므로 과학자들은 현재 반-수소를 마음대로 만들 수 있고 그 성질을 연구하고 있다. 반중성자는 높은 에너지의 가속기 실험을 할 때 만들어지지만 우리가 제어할 수는 없다. 그래서 수소 외의 다른 원자의 반-원자는 우리가 마음대로 만들 수 없다.

폴 에이드리언 모리스 디랙.

반물질 발견의 역사

그러면 이제 반물질, 혹은 반입자라는 생각이 어떻게 발전해 왔는지, 그리고 어떻게 반입자들을 발견해 왔으며 연구해 왔는지를 살펴보자. 반입자는 물리학의 역사에서도 매우 독특한 개념이다. 자연 현상 속에서 발견된 것도 아니고, 물리학자의 상상 속에서 만들어진 것도 아니기 때문이다. 굳이 말한다면 방정식 속에서 태어난 개념이다. 영국의 폴 에이드리언 모리스 디랙(Paul Adrien Maurice Dirac, 1902–1984)은 브리스톨 대학에서 전기 공학과 수학을 공부했고 1923년부터 케임브리지 대학에서 이론물리학을 연구했다. 디랙은 별다른 스승도, 물리학에 대한 배경도 없었으나 당시 학계의 가장 중요한 주제였던 원자물리학을 배우자마자 곧 두드러진 성취를 이루어냈다. 독일의 하이젠베르크가 1925년 여름에 양자역학이라는 새로운 이론을 만들어내자마자 곧바로 그 핵심을 파악하고 독자적으로 대륙의 물리학자들과 어깨를 나란히 하는 연구를 해내기 시작한 것이다. 나아가서 1928년에는 전자에 대한 상대론적 양자역학 방정식을 구하는데 성공함으로써 가장 앞서나가는 이론물리학자가 되었다. 디랙의 방정식을 이용하면 당시 문제가 되었던 전자의 스핀과 자기 모멘트를 정확하게 유도할 수 있었으므로 물리학자들은 경이로운 눈으로 디랙의 방정식을 바라보았다. 그런데 한편으로 디랙을 포함한 물리학자들은 방정식의 해답을 완전히 이해하지 못했다. 디랙의 방정식에서는 전자에 해당하는 답과 함께 다른 답도 존재했기 때문이다. 이것은 무의미한 답인가? 아니면 새로운 현상을 나타내는 답인가? 디랙은 이 답을 전기량의 부호가 반대인 입자로 해석했다(앞으로는 전기량을 물리학자들이 쓰는 표현으로 전하(electric charge)라고 부르겠다). 하지만 그런 입자는 아무도 본 적이 없었다. 당시는 중성자조차도 발견되기 전이었으므로 사람들이 알고 있는 입자는 전자와 양성자뿐이었다. 굳이 말하면 양성자가 바로 그런 전하를 가진 입자기는 하다. 그렇지만 양성자는 전자와 질량이 약 2,000배나 차이가 나서 하나의 방정식으로 쓸 수 없다. 또한 만약 양성자와 전자가 하나의 방정식의 답이라면 금방 상호작용을 해서 원자가 안정된 상태로 있을 수 없다. 그래서 디랙은 1931년에 이 답은 전자와 질량이 같고 전하의 부호가 반대인 새로운 입자를 나타낸다고 하고 이를 반전자(antielectron)라고 불렀다.

미국 뉴욕 출신의 칼 앤더슨(Carl David Anderson, 1905-1991)은 노벨상 수상자 로버트 밀리컨을 지도교수로 해서 1930년 칼텍에서 박사학위를 받은 후, 학교에 남아서 밀리컨과 함께 우주에서 날아 온 입자인 우주선을 연구했다. 앤더슨은 안개상자에 자기장을 걸어서 입자의 궤적을 휘어지게 한 후 이를 사진으로 찍어서 입자를 관측했다. 이 방법은 소련의 스코벨친(Dmitri Vladimirovich Skobeltsyn, Дмитрий Владимирович Скобельцын, 1892-1990)이 개발한 방법을 더욱 발전시킨 것이다.

1932년 앤더슨은 사진에서 이상한 궤적을 발견했다. 질량은 전자와 같으면서 전하는 양성자와 같은 입자였다. 검토를 거듭한 끝에 앤더슨은 지금까지 알려지지 않은 새로운 입자를 발견했다는 결론을 내리고 양의 전자(positive electron)를 발견했다고 보고했다. 방정식에서 나타났던 입자가 현실에서 존재를 드러내는 순간이었다.

다음 해인 1933년 앤더슨은 〈양의 전자 (positive electron)〉라는 제목의 논문을 통해 그가 발견한 입자의 사진을 공개했다. 디랙의 논문을 알지 못했던 앤더슨은 이 논문에서 그가 발견한 입자를 간단히 양전자(positron) 라고 부를 것을 제안했다. 앤더슨은 대칭적으로 생각해서 보통의 전자는 음의 전자(negative electron), 간단히 음전자(negatron)이라고 불렀다. 그러나 이 이름은 당신 잠깐 쓰이다가 사라지고 전자-양전자라는 이름으로 정착되었다. 이후에 발견된 모든 반입자는 따로 이름을 붙이지 않고 단순히 앞에 반-(anti-)을 붙여서 부른다. 이 해에 디랙은 디랙 방정식을 만든 업적으로 노벨 물리학상을 받았다.

비슷한 시기에 영국 케임브리지의 블래킷(Patrick Maynard Stuart Blackett, 1897-1974)과 오키알리니(Giuseppe Paolo Stanislao "Beppo" Occhialini, 1907-1993)도 안개상자로 우주선을 연구하면서 양의 전하를 가진 전자를 발견했다. 이들은 특히 전자와 양전자가 쌍으로 만들어지는 장면을 관측해서 양전자는 높은 에너지의 우주선이 안개상자 속에서 전자와 함께 만들어낸 것임을 보였다. 이렇게 입자와 반입자가 에너지로부터 생겨나는 과정을 쌍생성(pair creation)이라고 한다. 블래킷-오키알리니의 결과는 양전자가 정말로 존재한다는 것을 확증해주었고, 이에 따라 칼 앤더슨은 1936년 노벨 물리학상을 수상했다.

전자가 디랙 방정식에 따라 양전자라는 반입자를 가진다면, 디랙 방정식을 따르는 다른 입자도 반입자가 존재하는가? 물론이다. 우주선 연구를 통해 1930년대에 전자와 같은 성질을 지닌 입자인 뮤온이 발견되었고, 반뮤온 역시 발견되었다. 사실 디랙 방정식뿐 아니라 상대론적 양자역학 방정식을 따르는 입자는 모두 반입자를 가진다. 그런데 디랙 방정식을 따르는 또 다른 입자인 양성자는 전자보다 훨씬 무겁기 때문에, 양전자처럼 우주선에서 만들어지기는 어렵다.

2차 세계대전 후 가속기 기술이 발전하면서 원자핵 이하의 세계를 탐구하기 위해 거대한 가속기들이 지어지기 시작했다. 그중에서 초기 가속기 연구를 선도했던 미국 로런스 버클리 연구소가 1954년부터 가동을 시작한 베바트론(Bevatron)은 양성자를 6.3GeV(기가전자볼트, 1GeV=10억 eV) 에너지까지 가속시키는 당대 최대의 가속기였다. 베바트론의 건설 목적 중에서 가장 중요한 것은 반양성자를 발견하는 일이었다. 베바트론의 출력 에너지도 양성자-반양성자 쌍을 만들 수 있도록 설계된 것이다. 에밀리오 세그레(Emilio Gino Segrè, 1905-1989)와 오웬 쳄벌레인(Owen Chamberlain, 1920-2006)이 이끄는 팀은 베바트론의 양성자 빔을 이용한 실험에서 반양성자를 확인하고 1955년 성공적인 결과를 발표했다. 두 사람은 이 업적으로 1959년 노벨 물리학상을 받았다. 다음 해 반중성자 역시 베바트론에서 발견되었다. 단 반중성자는 전기적으로 중성이므로 검출기에서 직접 볼 수는 없고, 쌍소멸을 일으킨 후에 남은 입자들을 분석해서 확인한다. 전자와 양성자와 중성자, 즉 원자를 이루는 입자들의 반입자가 모두 확인되어, 이제 반입자의 존재를 의심하는 사람은 아무도 없었다.

현대의 반물질 연구

입자 가속기는 원래 입자를 가속시켜서 높은 에너지의 입자 빔을 만들어서 입자 빔으로 표적을 때리는 등의 실험을 하는 장치였다. 입자의 운동에너지는 표적의 원자핵을 때리는 충돌에너지로 전환되고, 그러면 충돌에너지에 해당하는 질량의 입자들을 만들어낼 수 있다. 그런데 이렇게 하면 표적의 원자핵이 튕겨 나가면서 에너지의 상당 부분을 가져가기 때문에 충돌에너지를 얻는 데 한계가 있다. 그래서 물리학자들은 입자와 입자를 가속시켜서 같은 에너지로 정면충돌시키는 방법을 생각해냈다. 그러면 입자의 운동에너지가 모두 충돌에너지로 쓰인다. 특히 입자와 반입자를 정면충돌시키면 입자들이

Suaudeau(commons.wikimedia.org)

쌍소멸되므로 입자들의 질량까지 포함해서 전체 에너지가 완전히 충돌에너지가 되어 가장 효과적으로 높은 에너지의 현상을 관찰할 수 있다. 그래서 더욱더 높은 에너지의 현상을 관찰하려는 실험은 주로 충돌실험(collision)이다.

입자-반입자 충돌실험을 위해서는 충돌에 사용할 입자와 반입자를 만드는 일이 중요하다. 특히 상대적으로 어려운 반입자를 만드는 일이 실험의 성공을 좌우하게 된다. 당연하게도 전자를 다루는 일이 양성자를 다루는 것보다 쉽고, 양전자를 만드는 일이 반양성자를 만드는 것보다 훨씬 쉬우므로 전자-양전자 충돌장치가 먼저 건설되었다. 최초의 전자-양전자 충돌장치는 1961년 이탈리아의 프라스카티 연구소에 건설된 AdA(Anello Di Accumulazione)이다. 그 이후 약 20여 개의 전자-양전자 충돌장치가 건설되었고 여러 목적의 실험을 수행해 왔다. 양전자를 만드는 방법은 기본적으로 다음과 같다. 먼저 전자빔을 만들고, 전자빔을 가속시키면 흔히 감마선이라고 부르는 높은 에너지의 전자기파를 얻을 수 있다. 고에너지 감마선을 표적에 때리면 원자핵에서 내놓는 전자기장과 상호작용해서 전자와 양전자를 쌍생성하게 된다. 그러면 자기장으로 조종해서 전자와 양전자를 분리하고, 필요한 만큼 가속해서 원하는 에너지의 양전자 빔을 만든다.

반양성자를 만드는 일은 훨씬 어렵고 비용이 많이 들기 때문에 양성자-반양성자 충돌장치는 가속기의 역사를 통틀어서 단 두 대 존재했을 뿐이다. 유럽입자물리학연구소 CERN에서 1981년부터 1990년까지 가동했던 $Sp\bar{p}S$와 미국 페르미연구소에서 1987년부터 2011년까지 운용했던 테바트론(Tevatron)이다. $Sp\bar{p}S$는 약한 핵력을 매개하는 W와 Z입자를 발견하기 위한 충돌장치로서 1983년에 W와 Z입자를 발견하는 데 성공해서 가속기 건설을 제안하고 실험의 대표를 맡았던 카를로 루비아(Carlo Rubbia, 1934-)와 필요한 반양성자 빔을 만드는 기술을 개발한 시몬 반데르메르(Simon van der Meer, 1925-2011)가 이 업적으로 다음 해 노벨상을 받았다. 반데르메르에게 노벨상이 주어진 데서 반양성자 기술이 실험의 성공에 얼마나 결정적이었는지 알 수 있다. 테바트론은 최초로 충돌에너지가 1 TeV(=1조 eV)를 넘는 충돌장치였는데 여섯 번째 쿼크인 톱 쿼크를 발견하는 개가를 올렸고 그 밖에도

GBAR 실험장치

이강영
경상국립대학교에서 교수로 재직하고 있다. 서울대학교 물리학과를 졸업하고 카이스트에서 입자물리학으로 박사 학위를 받았다. 물질의 궁극적인 기초를 탐구하는 이론 연구를 수행하고, CERN의 SND@LHC 실험에 참여하고 있다. 약 140편의 논문을 발표했고, 『LHC, 현대 물리학의 최전선』, 『보이지 않는 세계』, 『불멸의 원자』, 『스핀』 등의 저서가 있다.

입자물리학에 여러 중요한 관측 결과를 남겼다.
CERN은 $Sp\bar{p}S$ 충돌기를 위해 반양성자 연구를 시작한 이래, 고에너지 충돌실험과는 별개로 반양성자 연구를 계속해 왔다.
1982년 반양성자를 생성하기 위한 가속기인 LEAR(Low Energy Anti-Proton Ring)을 건설했고 LEAR는 반양성자를 다루는 연구를 계속한 끝에 1995년 반양성자와 양전자를 결합시켜서 역사상 최초로 반수소를 만드는 데 성공했다. 진정한 의미의 반물질을 탄생시킨 것이다. 처음 만들어낸 반수소는 아홉 개였는데, 아직 반수소 조종 능력이 부족했기 때문에 더 이상의 다른 실험을 하지는 못했다. 1997년 미국 페르미 연구소도 수백 개의 반수소를 만드는 데 성공했다. LEAR는 새로운 반양성자 생성을 위한 가속기인 AD(Antiproton Decelerator)로 이어져서 여러 가지의 반양성자와 반수소 연구를 계속해오고 있다. 가속기이면서 이름이 반양성자 감속기(Antiproton Decelerator)인 이유는 이 장치의 핵심이 가속기로부터 반양성자를 만들어낸 뒤에 반양성자를 모으고 가능한 한 느리게 만들어놓는 부분이기 때문이다. 반양성자가 충분히 느리게 움직여야 반수소를 만들기가 쉬워진다. AD의 반양성자 생성 능력은 분당 천만 개가 넘는다.
여기서 몇 가지 주요 실험과 그 결과를 소개해 보겠다. AD에서 시작한 첫 번째 실험은 2001년 4월에 시작된 ATHENA 실험이다. 아테나 실험은 반양성자와 양전자를 결합시켜서 반수소를 만드는 것이 주 목표였는데, 약 5만 개의 반수소를 만들 수 있었다. ATHENA 팀은 2005년 해체되어 후속 실험인 ALPHA(Antihydrogen Laser Physics Apparatus)로 이어졌다.
2008년 시작된 ALPHA 실험은 반수소를 만드는 것 뿐 아니라 반수소를 붙잡아 놓는 것을 목표로 한다. 반수소를 붙잡아 놓는 것이 중요한 이유는 다음과 같다. 반양성자와 양전자 상태에서는 이들이 전기를 띠고 있기 때문에 전기장과 자기장을 이용해서 조종을 할 수가 있다. 하지만 일단 이들이 결합해서 반수소가 되면 전기적으로 중성이므로, 더 이상 전자기장으로 조종할 수 없게 된다. 그러면 반수소 원자가 곧 물질로 된 실험장치 벽에 부딪혀서 소멸할 것이다. 그러므로 반수소를 물질에서 떨어진 상태로 유지하는 것이 중요한 것이다. ALPHA 실험에서는 반수소를 절대 0도 가까운 온도로 차갑게 식히고, 레이저를 이용해서 붙잡아 놓는 기술을 개발했다. 이런 방법으로 2010년에 반수소를 0.17초 동안 유지했고, 2011년의 발표에서는 이를 1,000초까지 연장하는 데 성공했다. 이 기술을 기반으로 ALPHA 실험에서는 반수소의 중력질량을 측정하는 시도를 했고, 최초로 반수소의 들뜬 상태를 만들어서 스펙트럼을 관찰하는 데에도 성공했다.
ASACUSA(Atomic Spectroscopy and Collisions Using Slow Antiprotons) 실험은 반-원자의 스펙트럼을 연구하려는 실험이다. 이 실험에서는 반수소뿐 아니라 반양성자 헬륨도 만들어서 실험을 하고 있는데, 반양성자 헬륨이란 헬륨 원자의 전자 하나를 반양성자로 바꿔놓은 상태이다.
2014년 시작된 BASE(Baryon Antibaryon Symmetry Experiment) 실험은 양성자와 반양성자 사이에 전하-질량 비, 자기 모멘트 등의 물리적 성질을 가능한 한 정밀하게 비교하려는 실험이다. 현재 반양성자의 자기 모멘트를 BASE 실험만큼 정확하게 측정한 곳은 없다. 한편 역시 2014년 시작된 GBAR(Gravitational Behaviour of Anti hydrogen at Rest) 실험은 반수소 원자를 자유낙하시켜서 반수소에 작용하는 중력을 측정한다는, 조금은 황당할 정도의 대담한 실험이다.

반물질을 발견하고 그 존재를 이해했다는 일은 양자역학과 상대성 이론을 통해서 인간이 물질을 얼마나 깊이 이해하고 있는지를 잘 보여주는 증거 중 하나다.
오늘날 이루어지는 반물질에 대한 정교한 실험 연구는 그러한 우리의 이해를 뒷받침해주고 있다. 또한 우주에 대해 더 잘 알게 되면서 반물질의 존재는 또 다른 심오한 의미를 가지게 되었다. 물질과 반물질 쌍은 에너지로 완전히 변환될 수 있고 그 반대의 일도 가능하다. 그래서 이제 우리는 만약 우주가 순수한 에너지 상태로 시작했고 물질은 순전히 에너지로부터 만들어졌다면 우리 우주에는 물질과 반물질이 같은 양만큼 존재할 것이라고 생각할 수 있다. 그런데 지금까지 우리가 우주를 관측한 바에 따르면 우주에는 반물질로만 이루어진 천체는 존재하지 않는다. 어떤 이유에선가 우주가 물질을 살짝 더 좋아해서 우리 우주에는 물질만 존재하는 것이다. 현대우주론에 따르면 우주 전체로 보아서 물질은 반물질보다 아주 조금 더 많다. 얼마나 조금이냐 하면, 우주에 반물질이 십억 개 있다면 물질은 십억 개하고 한 개 더 있는 정도이다. 우주가 팽창하면서 식어감에 따라 물질과 반물질은 고루 섞였고 그 결과 십억 쌍에 해당하는 물질과 반물질은 합쳐져서 순수한 에너지의 상태로 우주를 채웠다. 그리고 우주에는 하나에 해당하는 물질이 남아서, 밤하늘의 수많은 별과 해와 달과 우리 자신을 이루고 있다. 그러면 왜 물질이 반물질보다 조금 더 많을까? 이 질문은 물리학과 현대우주론이 아직 대답하지 못하는 현재진행형의 질문이다. 그러므로 반물질을 연구한다는 것은 우주가 어떻게 지금의 모습이 되었는가를 연구하는 일이며 현대물리학 연구의 최첨단이기도 하다.

글. 김연화(실험실고고학자)

Gorodenkoff(www.shutterstock.com)

실험실에 간다!

과학자들이 일하는 실험실에서는 무슨 일이 일어나고 있을까?

실험실은 과학자들의 직장이라고 할 수 있다. 게임 속에서 플레이어는 각자의 실험실을 운영하며, 연구원이나 대학원생을 고용한다. 실제 실험실에서 과학자, 연구원, 대학원생들은 어떻게 생활하고 있을까? 실제의 한 화학과 실험실을 모델로 한 가상의 실험실을 찾아가, 그 곳에서 일하는 사람들의 삶을 살펴보자.

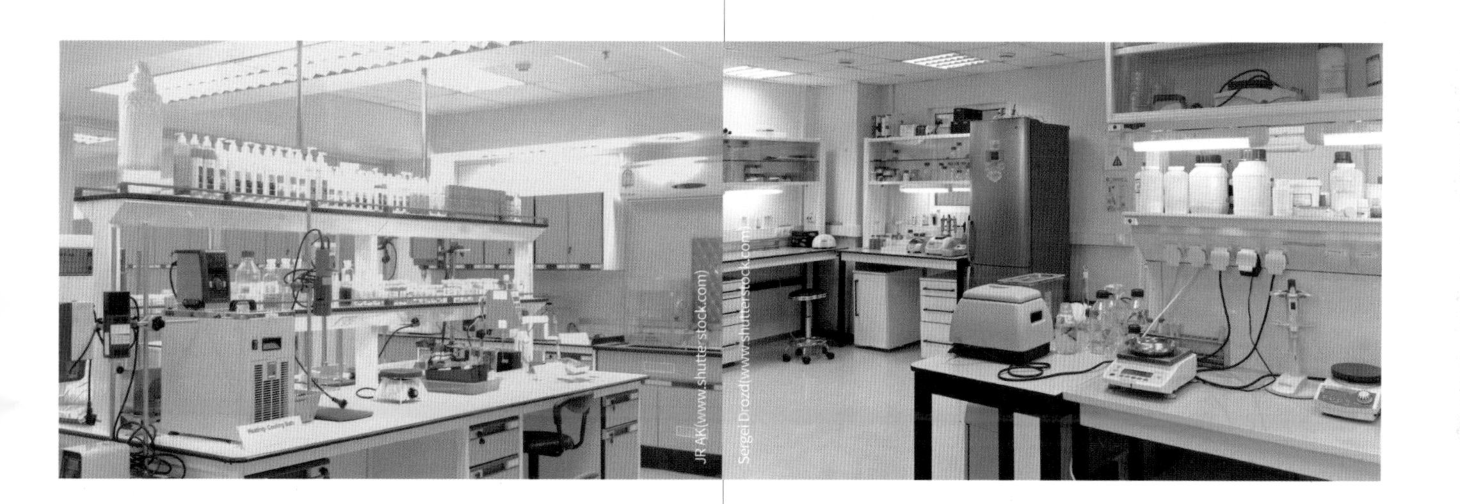
JRAK(www.shutterstock.com)
Sergei Drozd(www.shutterstock.com)

석박사통합과정 학생의 연구실 생활

안녕하세요. 여러분들이 궁금해하시는 곳에 가서 속속들이 알아보는 <간다 티비>입니다. 오늘 저희가 찾은 곳은 지난번 예고해 드렸던 대로 많은 분이 궁금해하셨던 화학과 실험실입니다. '질량분석 연구실'이라는 곳인데요. 오늘 이곳을 속속들이 탐방해보고 여기 계신 분들도 만나보려고 합니다. 저기 화학과 건물이 보이네요. 대학교지만 연구 보안 문제가 있다 보니 보시는 것처럼 카드키가 있어야만 건물 출입이 가능합니다. 저를 출입시켜주실 분이 나와 계시네요.
안녕하세요. 반갑습니다. 간단한 자기소개와 함께 연구실 소개를 부탁드려도 될까요?

"안녕하세요. 저는 석박사통합과정 3년 차 박하늘입니다. 질량분석 연구실은 물질의 질량을 측정해서 해당 물질이 무엇인지를 알아내는 연구를 하는 곳입니다. 중고등학교 시절 화학 시간에 원자량에 대해 배우셨을 텐데요. 예를 들어 탄소의 원자량은 12이고 산소의 원자량은 16이기 때문에 산소 원자 두 개에 탄소 원자 하나가 결합한 이산화탄소의 분자량은 44가 되죠. 이 분자량은 물질마다 고유하기 때문에 마치 지문처럼 작동하는데요. 질량분석은 역으로 분자량을 측정해서 해당 물질이 무엇인지를 알아내는 분석법이라고 생각하시면 될 것 같습니다. 저희는 이를 이용해서 화합물의 반응과정에서 어떤 물질들이 생산되는지,

반응이 어떤 식으로 이루어지는지, 반응 중의 물질은 어떤 구조를 이루는지를 연구하고 있습니다.”

오, 학교 다니면서 배웠던 원자량을 다시 들으니 반갑네요. 교과서에서 보던 것이 실제 이용되고 있다고 하니까 신기하기도 하고요. 그럼 연구실로 가볼게요. 그런데 여기 복도에 눈에 띄는 게 있네요. 스테인리스로 된 작은 세면대같이 생긴 것에 수도꼭지가 거꾸로 달려 있고 위에는 샤워기 같은 게 달려 있어요.
“아, 실험실에는 부식성, 인화성 물질들이 있거든요. 화학약품을 쓸 때에 주의하지 않으면 약품이 얼굴에 튀어서 화상을 입을 수 있는데 그때 긴급하게 사용할 수 있는 안전장치예요. 저 거꾸로 달린 수도꼭지에서 물이 나와 손을 사용하지 않고 얼굴을 씻어낼 수 있고 옷에 불이 붙었을 경우, 밑에 있는 페달을 밟으면 샤워기에서 물이 쏟아져 불을 꺼줍니다. 하지만 실제로 사용하는 걸 본 적은 한 번도 없어요. 여기가 저희 연구실입니다. 오른쪽에 이 문은 교수님 오피스(사무실)고요. 그 옆에 제가 있는 학생연구실이 있어요. 그리고 복도 맞은편에 실험실이 있고요. 들어오세요.”

그럼 실험실에 들어가보도록 하겠습니다. 여긴 지난번 방문했던 실험실과 또 다르네요. 지난번 실험실은 좀 더 하얗고 깔끔했거든요. 아, 그렇다고 여기가 지저분하다는 건 아니고. 그곳은 실험실이 마치 독서실 같았다고 해야 할까요? 거기 계신 분들은 각각이 자신의 실험대를 가지고 있었고, 실험대에는 책장처럼 선반이 있고 그 위에 유리병들이 잔뜩 놓여 있었는데 여기는 실험대가 있긴 하지만 큰 장비들이 많아서 약간 압도되는 느낌이 있네요.
“지난 방송, 저도 보았는데 생명과학은 세포도 있고 동물도 있고 그래서 깨끗한 환경이 중요하더라고요. 실험도구들도 모두 멸균해서 사용하던데 저희는 그런 세포 실험은 안 하니까 멸균은 안 해요. 사실 화학과도 랩(Lab. ‘연구실’이라는 뜻의 영어 ‘Laboratory’의 줄임말. 과학자들은 흔히 연구실을 ‘랩’이라고 줄여 말한다)마다 달라요. 유기화학실험실이 그나마 생명과 랩과 좀 비슷할 것 같은데, 저희는 화학과지만 질량분석을 하기 때문에 분석 장비가 많아요. 그래도 여기 한쪽에 말씀하신 화학약품들이 있는 공간이 있어요. 이건 일반 캐비닛처럼 생겼지만, 안에 공기를 흡입하는 장치가 있어서 화학약품에서 발생할 수 있는 부식성 기체 등을 빨아들여서 안전하게 보관할 수 있게 해줘요. 그 옆에 이것은 ‘퓸 후드(fume hood)’라고 하는데 얘도 이 안에 있는 공기들을 계속 빨아들여 환풍기를 통해 건물 밖으로 내보내줘요. 화학반응을 시켜야 할 때 이 안에 장치를 하고 이 투명한 문을 아래로 내리면 안에 있는 공기가 밖으로 나오지 않죠. 화학반응하면서 발생하는 기체들이 빨려 나가는 거죠.”

Timof(www.shutterstock.com)

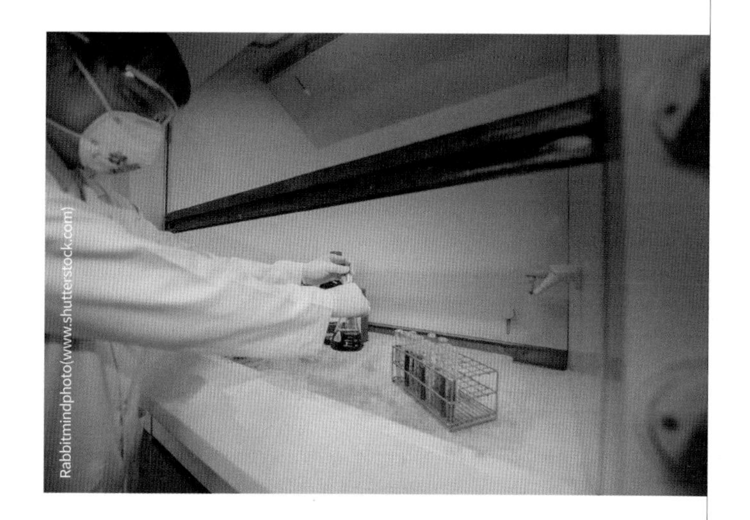

품 후드를 사용하는 모습. 칸막이 안쪽에는 바깥으로 공기를 빼내는 환풍기가 설치되어 있어, 유독한 기체가 발생하는 물질을 다룰 때 안전하게 실험을 할 수 있다.

품 후드는 생명과학과 실험실에서 보았던 클린 벤치(clean bench, 무균작업대)랑 비슷하게 생겼네요. 그때는 안에서 멸균된 공기가 계속 흘러 나와서 오염물질이 밖에서 들어오지 못하도록 막아주는 역할을 했는데 얘는 반대네요. 둘 다 차단의 의미가 있는데 공기 흐름을 반대로 해서 한쪽은 내부의 공기가 밖으로 빠져나오지 못하게 하는 반면, 다른 쪽은 외부의 공기가 안으로 들어가지 못하게 하네요. 이 두 장비의 차이만 봐도 화학과와 생명과 실험의 특성이 드러나는 것 같아요. 커다란 장비가 여러 개가 있는데, 이것들이 아까 말씀하셨던 분석 장비인 것 같습니다. 맞나요?
"네. 스탠드형 에어컨처럼 서 있는 이것은 MALDI인데요, 여기 플레이트의 원 안에 분석할 시료를 놓고 살짝 말린 후에 장비 안에 넣으면 레이저를 쏘아서 시료에 있는 분자들을 이온화해서 질량분석을 합니다. 이 방식이 다른 것에 비해 비교적 간편해서 이 장비는 다른 랩에도 개방해서 사용하고 있어요. 온라인으로 예약하고 사용하시면 됩니다. 그리고 여기 우리 실험실에서 가장 큰 장비가 저희가 주로 사용하는 질량분석장비예요. 방금 보신 장비는 시료를 고체화해서 분석하는데, 이 장비는 액체 시료를 그대로 주입합니다. 장비에 주입된 액체 시료가 내부에서 분무 되면서 전기장을 걸어 이온화시켜 질량분석을 해요. 액체 시료를 사용하다보니 분석은 물론 장비 사용에서도 액체 농도가 중요한데요. 전에 잠깐 다른 랩에 개방했다가 장비에 익숙하지 않은 분이 엄청 진한 농도의 시료를 그대로 주입하는 바람에 관이 다 막혀서 그거 닦아내고 하느라고 엄청 고생했대요."

그걸 직접 하신 거예요?
"외국의 큰 연구소에는 장비를 담당하는 엔지니어들도 있다고 들었는데 저희는 대학원생들이 장비 유지관리를 담당하고 있어요. 물론 저희가 다룰 수 없는 문제가 생겼을 때에는 장비 회사에 연락해서 A/S 신청을 하죠. 장비가 처음 들어와서 안정화될 때까지 엔지니어분께서 굉장히 자주 랩에 오셨다고 들었어요. 이 장비는 지금은 제가 담당하고 있는데 신입생 말고는 저희 랩 누구나 장비를 능숙하게 사용하기 때문에 사실 제가 뭘 하거나 하지는 않고요, 평상시 장비 컨디션이 괜찮은지, 소모품은 적절하게 유지되는지를 확인하는 정도예요. 그러다가 일이 생기면 회사에 연락하는 것도 제가 맡고 있죠."

그렇군요. 그런데 있다보니 실험실이 꽤 시끄러운 것 같아요.
"아, 저희 실험실에 장비가 많다보니 소음이 꽤 큰 편이에요. 장비 자체의 소음보다는 질량분석을 수행할 때 필요한 펌프 소음이 더 크죠. 이 장비만 보더라도 펌프가 세 개가 달려 있거든요. 이 펌프는 장비 내부의 압력을 낮춰주는 진공펌프예요. 질량분석기는 간단히 말씀드리자면 이온화된 분자들에 전압을 걸어주면 마치 총알을 쏘는 것처럼 분자들이 튀어 나가요. 이 장비를 보시면 이렇게 옆으로 길죠. 이 안에서 분자들을 쏜다고 생각하시면 될 것 같아요. 그러면 가벼운 분자는 빠르게, 무거운 분자는 천천히 날아갈 텐데 분자들이 이동하는 시간을 측정해서 분자의 질량을 계산하는 거죠. 이때, 이 관 안에 일반적인 공기가 가득 차 있다면 날아가는 분자들이 공기 분자들과 계속 부딪혀서 시간 측정이 제대로 되지 않겠죠. 그래서 관 내부의 공기를 다 빼서 진공으로 만들어줄 필요가 있어요. 이를 위한 펌프들이 장비마다 달려 있는 거죠. 이 외에도 초반에 보셨던 품 후드에서 공기 빨아들이면서 나는 소리와 항온항습기의 소리도 꽤 큰 편이죠. 아, 항온항습기는 적절한 실험 조건과 좋은 장비 상태를 유지하기 위해 일정한 온도와 습도를 유지할 수 있도록 해주는 장비인데 큰 에어컨이라고 생각하시면 될 것 같아요."

저기 한쪽 벽에 있는 저것이 항온항습기로군요. 그러고보니 복도는 조금 훈훈한 기운이 있었는데 실험실 내부는 시원하고 쾌적하네요. 그런데 계속 이렇게 시끄러운 곳에서 지내면 몸에 안 좋을 것 같기도 한데, 아, 실험할 때에만 실험실에 있고 그 외에는 오피스에 계신다고 하네요. 그럼 오피스로 한 번 가볼까요?

포닥 김박사의 생활

아까 처음에 안내하면서 지나쳤던 곳인데, 오 이곳은 실험실과 완전 다르네요. 책상과 의자, 책장만 있어요. 연구실 구성원들이 모두 이곳에 계시는 건가봐요. 여기 계시는 분께 잠깐 여쭤볼게요. 안녕하세요.

"안녕하세요. 저는 박사후연구원 김유진입니다."

박사후연구원이면 박사님이신 거죠? 박사후연구원이 정확히 무엇을 하는 분인지 설명해 주실 수 있으세요?

"네. 제가 바로 김 박사입니다. 포닥('Postdoctoral'의 줄임말)이라고도 부르는 박사후연구원은 말 그대로 박사 학위를 받은 연구자입니다. 대학원을 졸업하고 박사 학위를 받으면 크게 두 가지 길이 있는데 하나는 취업을 해서 회사나 연구소에 직장을 얻는 거예요. 제 친구들을 보면 기업 연구소로 간 친구도 있고 기업의 산업현장으로 간 친구도 있고, 정부출연연구소에 자리를 얻은 친구도 있어요. 포닥도 취업이기는 한데 앞의 경우와 다른 점은 임시적 취업상태라고 보시면 될 것 같아요. 주로 학교 연구실로 가고요. 포닥은 종착역이 아니라 주로 교수가 되고자 할 때 거쳐가는 심화 훈련 과정이에요. 박사과정에서는 연구를 어떻게 계획하며 실행하는지를 배우는데, 포닥을 거치면서 독립연구자로 성장하는 훈련을 받는 거죠. 그래서 학생은 아니지만 지도교수를 두고 학교에 있는 경우가 많아요. 포닥은 대체로 박사과정을 마친 실험실과 다른 곳에서 하게 되는데요. 아무래도 포닥 기간에는 박사과정동안 습득한 것과 다른 새로운 기술을 배우는 게 좋으니까요. 저는 질병 연구 쪽으로 진행해보고 싶어서 이후에는 생체 내 단백질 분석을 하는 프로테오믹스 기술을 배워보려고 합니다. 얼마 전 참석한 해외 학회에 마침 이 분야의 저명한 미국 교수님을 마주칠 수 있었고 열심히 어필을 했어요. 그런데 그 교수님께서도 제 연구 결과나 아이디어가 마음에 드셨나봐요. 두

"어떻게 보면 연구자란 사실 글을 쓰는 사람이라고도 볼 수 있습니다."

달 뒤에 미국 대학으로 가게 되었습니다. 지금은 박사과정동안 했던 연구를 마무리하고 논문으로 정리하고 있어요."

그럼, 미국에 다녀오시면 김교수님이 되시겠네요!
"저도 그러면 좋겠습니다. 그래도 교수가 되려면 연구실적이 출중해야 하니까 더 열심히 해야죠. 파급력 있는 좋은 저널에 논문을 많이 내야 하니까요. 최근에 가속기 연구소에서 실험한 연구 결과가 꽤 괜찮았거든요. 그 연구로 어느 정도 되는 논문을 쓸 수 있을 것 같아서 기대가 좀 됩니다. 지금 그 결과에 대해서 잠깐 얘기하고 있었는데 한 번 보시겠어요? 어때요, 결과가 너무 예쁘죠? 여기 이 그래프를 보시면 여기 뾰족하게 올라온 두 개의 피크(peak)가 보이죠? 여기 이 그래프들을 보면 시간에 따라 이 두 피크의 비율이 바뀌고요. 저희가 특정 조건에서 이 두 분자의 존재 양상이 달라질거라고 예상했는데 이번에 그걸 잘 보여주는 결과를 얻었어요."

아, 이게 데이터인가요? 책상 위의 컴퓨터마다 비슷한 그래프들이 보이네요. 아까 실험실에서 봤을 때도 다들 모니터에서 이것과 비슷한 그래프들을 들여다보고 계시더라고요. 그래서 뭔가 했는데…. 이게 실험 결과로군요. 그런데 제가 보기에는 그냥 점과 선만 있어서…. 마치 심장박동 그래프 같은데요. 아까 실험실에서 봤을 때에 시료 샘플은 그냥 액체던데 그걸 분석한 결과가 이렇게 선으로 나오는건가봐요.
"실험실은 맨눈으로 보이지 않는 분자들의 상태나 움직임을 실험장비를 통해서 보이게 만들어주는 공간이라고도 할 수 있습니다. 이때 실험장비들은 분자의 질량이나 특정 빛을 쪼여주었을 때 나오는 스펙트럼 등을 보여주기 때문에 이렇게 그래프로 나오지요. 그러니까 장비가 물질들을 수치화해주는 거예요. 그런데 사실 이 수치를 갖는 분자는 굉장히 많죠. 그래서 분석하고자 하는 물질의 분자 구조를 기반으로 반응을 보내거나 에너지를 가해 쪼갰을 때 어떤 분자가 나올 수 있는지를 먼저 예측해야 합니다. 이때 분자 모형을 사용하죠. 그렇게 예측된 분자들의 분자량과 실제 측정해서 나온 수치를 비교해서 그래프의 각 피크들과 예상 분자들을 매칭해요. 어떻게 보면 우리가 생각하는 분자 모델보다 이 그래프가 실제 분자에 가깝다고도 볼 수 있어요. 모델은 말 그대로 모형이니까요."

그러고보니 실험실과 이곳 오피스는 굉장히 다른데요. 실험실에는 장비가 많고 소음도 심하고, 화학물질들도 있었는데, 이곳은 조용하고 책상과 책장이 있고, 책상마다 컴퓨터가 있네요. 일반적인 사무실 같아요. 대신 문서들이 엄청 많네요. 다들 컴퓨터로 비슷하게 생긴 그래프들을 보고 계시고요. 실험실에서 실험장비를 이용해서 분자라는 물질들을 그래프로 만들고, 그걸 오피스에 가져와서 문서들로 번역하는 것처럼 보이기도 해요.
"하하. 그렇게 볼 수도 있겠네요. 저희가 실험을 할 때에는 화학물질과 실험장비를 이용하지만 그 결과는 논문이라는 문서로 생산해내야 하는 거니까요. 다른 과학자들에게 우리 결과를 보여주려고 시료와 장비를 들고 다닐 수는 없잖아요. 논문으로 작성해야 더 많은 연구자가 볼 수 있죠. 또 다른 연구자들이 작성한 논문을 봐야 지금 어떤 연구가 진행되고 있는지, 다른 사람들은 어떤 결과를 냈는지도 알 수 있고 저희 연구에도 참고할 수 있죠. 그래서 사실 저희는 실험실에서 실험하는 시간 못지않은 정도로 논문을 읽고 쓰는 데에 시간을 들이고 있습니다. 어떻게 보면 연구자란 사실 글을 쓰는 사람이라고도 볼 수 있습니다."

시간 얘기가 나와서 말인데요. 실험실에서 보내는 시간이 어느 정도 되세요? 실험하는 시간과 논문을 읽고 쓰는 시간이 비슷하다고 하시는데 일과가 어떻게 되세요? 대학원생의 일과가 궁금하네요.
"저희 실험실은 출퇴근 시간이 정해져 있지 않은데 학생들끼리 내부적으로 오전 10시에는 출근하려고 하고 있어요. 물론 그 전날 밤늦게까지 실험을 했다거나 하면 다음 날 조금 늦게 출근할 수는 있지만, 적어도 다 같이 모여서 실험실 청소를 하기로 한 날 같은 경우는 늦지 않도록 하고 있어요. 박사님이 말씀하신 대로 실험실보다는 오피스에서 보내는 시간이 조금 더 긴 것 같은데, 특히 박사과정 2년 차까지는 수업도 들어야 하니까 학기 중에는 오피스에서 공부하는 시간이 조금 더 긴 것 같고요. 대신 방학 때 실험을 많이 하죠. 오피스에서도 주로 실험데이터 분석을 하거나 합니다. 실험데이터 분석이나 논문 읽는 작업은 컴퓨터와 프로그램만 있으면 되니까 저녁에 집에 가서 하기도 해요. 저희가 모두 장비를 사용해야 하기 때문에 예약을 하고 정해진 시간에 사용하고 있는데, 아무래도 실험하고 그럴 때에는 하루 종일 실험실에 있기도 하고요. 가끔 결과를 빨리 얻어야 하는데 장비가 말썽일 때에는 밤새도록 붙잡고 있을 때도 있어요. 전에 가속기에서 실험할 때에는 사용시간이 한정되어 있어서 아침부터 밤늦게까지 하거나 밤을 새운 적도 많았고요. 그래도 저희는 출퇴근이 자유로운데 다른 실험실들은 보면, 합성랩 같은 곳은 합성 프로토콜에 따라서 계속 사람이 옆에서 뭘 해줘야 하니까 시간 사용이 자유롭지 않더라고요. 아, 저희 교수님 오신 것 같아요. 교수님 오피스로 안내해 드리겠습니다."

교수님의 속사정

교수님, 안녕하세요. 실험실에 와서 교수님을 제일 마지막에 뵙네요. 회의에 참석하고 오신다는 말씀을 들었는데, 회의가 많으신가봐요. 평소 일과를 여쭤봐도 될까요?

"안녕하세요. 회의가 늦어져서……. 죄송합니다. 학교에 있다보니 학교 운영과 관련된 회의들이 많아요. 학과 교수회의도 있고, 좀 전에 다녀온 건 대학원 입시와 관련한 회의였습니다. 이번 학기에는 수업을 두 개를 맡아서 조금 더 바쁜 편이에요. 그 외에 학회 운영회의도 있고 그렇습니다. 일과는 방금 말씀드린 것처럼 수업하고 학과 일들을 하고, 학생들과 연구 결과 논의를 하기도 하면서 시간을 보냅니다."

학생들은 실험하다가 밤을 새우기도 한다는데 교수님은 어떠세요? 혹시 교수님께서도 실험을 하시나요?

"아, 제가 부임한 초기에는 아무래도 학생들이 아무것도 모르다보니 제가 함께 실험을 하기도 했는데, 이제는 다들 실험방법이나 장비에 대해 잘 알고 있어서 제가 실험을 하지 않습니다. 또 제가 실험할 시간이 없기도 하고요. 낮에는 수업이나 행정 일이 많다보니 논문 쓸 시간이 부족해서 밤에 씁니다. 이번 학기에는 새로 개설한 수업도 있어서 수업 준비를 하는 데에도 시간이 좀 들어가고요. 실험하면서 생기는 문제들은 김 박사가 신경 써주고 있어서 제가 부담이 좀 덜었죠. 교수가 되기 전 포닥 때만 해도 연구에만 집중하면 됐는데 교수가 되니 실험실 운영, 학생 지도, 수업, 학회 일, 학교 일까지 신경 쓸 게 많아졌습니다."

교수님은 대학원생, 포닥을 거쳐서 교수가 되셨는데, 이제는 연구실의 책임자시잖아요. 아무래도 포닥 때와는 차이가 클 것 같아요. 연구비도 따오셔야 할 테고요. 교수로서 실험실 운영에 있어서 가장 신경 쓰시는 점은 무엇이 있을까요?

"아무래도 연구비를 구하는 게 큰일이겠죠. 과학 연구는 실험장비도 필요하기 때문에 많은 학교들이 신임 교수에게 정착금을 줍니다. 그런데 저희 실험실이 장비를 많이 사용하다보니 장비 구입하는 데 정착금으로 충당하기에 충분하지 않았어요. 그래도 다행히 부임 초기에 연구재단에서 주는 신진교수 연구비와 기업체 연구비를 받을 수 있어서 실험실을 꾸리는 데 큰 문제는 없었습니다. 그래도 초기에 비해서 대학원생이 늘어나다보니 학생 인건비도 증가해서 연구비에는 계속 신경을 쓰고 있습니다. 그런데 그보다 더 신경 쓰는 건 사실 연구가 잘 되는 거죠. 연구가 잘 되어서 좋은 논문을 많이 써야 연구비도 받고, 교수 승진도 되고, 무엇보다 학생들에게도 연구

'교수'라고 하면 대학 강의실에서 수업을 하는 모습만 연상하는 경우가 많다. 하지만 실제로는 연구자로서 자신의 연구를 진행하고, 연구실을 이끄는 사람이라면 경영자와 비슷한 역할도 해야 한다.

김연화
실험실에 애증이 넘치는 사람.
포항공과대학교에서 화학을 전공하고
동 대학원에서 석사학위를, 서울대학교
과학사 및 과학철학 협동과정에서
과학기술학으로 두 번째 석사학위를 받았다.
'실험실고고학'이라는 연구를 독자적으로
진행하다 최근 이 주제로 서울대학교
과학학과에서 박사과정을 시작했다. BRIC에
〈실험실이라는 현장〉을 연재하고 있다.

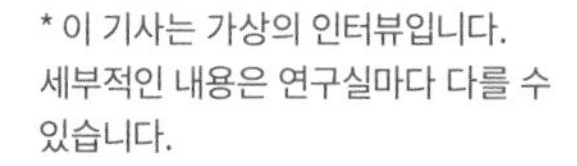

* 이 기사는 가상의 인터뷰입니다.
세부적인 내용은 연구실마다 다를 수
있습니다.

fotohunter(www.shutterstock.com)

결과가 잘 나오는 게 가장 좋을 일이거든요. 좋은 논문을 쓸 수 있는 연구를 하고 결과를 얻는 게 제가 가장 신경 쓰는 일이죠."

아까 실험실에서 가속기 실험에 관해 얘기를 들었거든요. 김 박사님이 데이터까지 보여주시더라고요. 그런 실험 결과들을 논문으로 쓰시는 건가요?

"네, 가속기는 고에너지 입자를 방출하기 때문에 우리 실험 장비로는 할 수 없는 실험들이 가속기에서 가능해져요. 하지만 일 년에 두 번 정도 사용신청을 할 수 있는 기회가 있고 선정된다고 해도 열흘 정도 사용 시간을 받기 때문에 그 전에 준비를 잘해야 해요. 이번에도 학생들과 한 달 전부터 실험 장치를 준비해서 가져갔는데 초기에는 안 좋은 결과가 나오다가 중반에 실험 조건이 잡히고는 예쁜 데이터들을 얻을 수 있었죠. 아, 가속기 실험은 저도 함께 직접 했습니다. 다른 교수님과 함께 협업 연구를 진행한 것이라 그 교수님도 함께 가속기에 갔는데요. 데이터를 보고 저랑 그 교수님이랑 저희 랩 포닥이랑 세 명만 기뻐하고 학생들은 멀뚱하게 있었던 기억이 나네요. 아무래도 학생들은 아직 어떤 데이터가 좋은 논문이 될지 알아보는 감각이 충분하지 않아서…. 그런 점을 계속 훈련해야겠죠. 지금 실험실에서 후속 실험한 데이터를 몇 개 더해서 논문으로 쓰려고 하고 있습니다."

그럼 교수님께서는 또 논문을 쓰시느라 밤에 잠을 못 주무시겠네요. 실험실 탐방을 하고 싶다는 요청을 흔쾌히 수락하시고 촬영까지 허락해주셔서 감사합니다. 특히 하늘 씨와 김 박사님이 자세히 설명해주셔서 저희 방송을 보는 분들께서 실험실이 어떻게 생겼는지, 연구실 생활은 어떤지 생생하게 보셨을 것 같아요. 이를 허락해주신 교수님께 다시 한번 감사드리면서, 이번 화는 여기서 인사드리겠습니다. 지금 쓰시는 논문이 잘 되어서 《네이처》나 《사이언스》에 실리기를 기원합니다. 방송 보시는 분들도 함께 기원해주세요.

다음 방송은 특별편으로 어딘가 찾아가는 대신 연구실을 좀 더 가까이에서 느껴 볼 수 있는 보드게임을 들고 찾아뵙겠습니다. 지난 시간과 이번 시간에 영상을 통해 만나보신 연구실을 내가 운영한다면 어떻게 될까! 그럼 그때까지 기다려주시고요. 좋아요와 구독 부탁드릴게요!

Matej Kastelic(www.shutterstock.com)

글 원병묵 (성균관대학교 신소재공학부 및 나노과학기술학과 교수)

Arturo Donate(www.flickr.com)

과학자가 대답해주는 '논문이란 무엇인가?'

Q&A: 논문의 모든 것

게임 속에 승리조건으로 등장하는 '논문'. 과학자뿐 아니라 모든 학자는 자신의 연구 결과를 논문이라는 글로 발표하여 알린다. 논문이란 무엇일까? 어떻게 쓰고 발표할까? 우리도 논문을 읽어볼 수 있을까? 과학자에게 그 답을 들어보자.

'논문'은 어떤 글인가요?

학자라면 누구나 논문을 씁니다. 논문은 학자가 자신의 학문을 완성하는 글이며 학자들 사이에 소통을 촉진함으로써 학문의 발전에 기여합니다.
논문의 본질을 하나하나 살펴볼까요. 논문은 저자와 독자 사이의 학문적 성과를 소통하기 위한 글입니다. 원활한 소통을 위해서 기본적인 논문의 형식이 정해져 있습니다. 제목, 저자, 초록, 서론, 본론, 결론, 참고 문헌 등의 기본 형식을 갖추어야 합니다. 논리적인 생각을 표현한 글로써, 연구가 어떻게 시작되었고 마무리되었는지 차분하게 설명하는 설명문에 가깝습니다.
하나의 논문은 하나의 결론을 전달합니다. 결론은 연구를 통해 얻은 새로운 최종 지식을 말합니다. 하나의 결론은 수많은 결과를 토대로 구축됩니다. 결과는 결론을 뒷받침하는 증거로서, 연구를 통해 얻은 데이터나 기초 이론을 말합니다. 확고한 결론을 얻기까지 학자는 적절한 연구 목표, 연구 설계, 실험 방법, 분석 방법, 이론 구축 등을 통해 타당한 결과를 하나하나 구축해 갑니다. 개별 결과는 개별 그림이나 표로 정리하여 전달합니다.
서론에서는 기존의 연구와 새로운 연구의 학문 흐름을 파악할 수 있도록 연구 배경과 주요 사안, 연구 필요성과 핵심 아이디어 등을 정리하여 설명합니다. 본론은 연구의 결과와 논의 부분이 수록되며 결론에서 연구의 최종 성과와 전망 등을 안내합니다. 참고 문헌과 감사의 글 등을 추가하여 논문이 완성됩니다.

학자에게 논문은 어떤 의미가 있나요?

논문은 하나의 연구를 완료하여 얻은 새로운 최종 지식이 무엇인지 요약 설명하고, 결론이 얻어지기까지의 과정과 의미를 정리하는 글입니다. 학자는 논문을 통해 자신의 연구를 검증받을 수 있습니다. 동료 학자들의 엄밀한 검증을 받은 논문은 존경의 대상이며 학문의 계보에서 중요한 위치를 차지할 수 있습니다. 검증받지 않은 논문은 진정한 논문이 아닙니다.

논문은 어떻게 활용되나요?

학자는 논문을 통해 자신의 연구를 알리며 다른 논문을 통해 학문의 흐름을 파악하고 학문 발전에 참여합니다. 논문은 학자들 사이의 학문적 소통을 촉진하는 매개로서 매주 새롭게 출판되는 수많은 논문을 통해 관련 분야 학문이 발전합니다. 훌륭한 연구를 수행했다면 좋은 논문을 쓸 수 있으며 그런 논문은 동료 학자들에게 알려지며 인용될 기회가 많습니다. 학자들은 논문을 쓸 때 다른 학자들의 논문을 인용합니다. 피인용수가 많은 논문은 학문 발전에 크게 기여하는 논문으로서 논문의 저자인 학자는 좋은 논문을 통해 학문적 명성을 쌓을 수 있습니다.

논문이 게재된다는 그 '학술지'란 무엇인가요?

학문 분야마다 저명한 학술지가 있으며 모든 학문 분야를 다루는 학술지도 있습니다. 학술지의 주제나 독자의 범위를 정하여 학술지를 구성합니다. 학자는 논문 초고를 써서 학술지에 보내고 편집자와 심사자가 초고를 검토하여 게재 승인을 하면 그 논문은 정식으로 학술지에 출판이 됩니다. 이후 다른 학자들에게 알려지며 좋은 논문은 널리 인용될 수 있습니다.

학술지의 수준을 평가하는 가장 잘 알려진 방법은 관련 분야 학자들이 모두가 인정하는 저명한 학술지인가를 확인하는 것과 인용지수를 살펴보는 방법이 있습니다. 인용지수는 학술지에 출판된 논문의 수와 최근 2년 동안 인용된 수를 비교하여 그 비율을 측정한 값입니다. 인용지수가 높은 학술지는 논문이 많은 학자에게 인용된다는 뜻이므로 파급 효과가 큰 학술지라고 할 수 있습니다. 그렇다고 관련 분야 학자들이 인정하는 저명한 학술지가 반드시 인용지수가 높은 것은 아닙니다. 다른 주제보다 상대적으로 인용되기 쉬운 논문 주제도 있습니다. 자매지를 많이 운영하는 학술지일수록 인용지수가 높은 경향이 있습니다.

석사, 박사, 포닥, 교수에게 논문이란 어떤 의미인가요?

석사 연구, 박사 연구를 마치면 석사 학위 논문, 박사 학위 논문을 작성합니다. 학위 논문이 심사위원들의 검증을 통과하면 학위를 받을 수 있습니다. 학위 수여자가 될 자격이 충분한지를 검증하기 위한 논문이 학위 논문입니다. 일반적으로, 박사 학위 논문은 수년 동안 진행한 일련의 연구를 종합한 논문이기 때문에 분량이 상당한 경우가 많습니다. 석사 학위 논문은 비교적 짧은 기간 동안 수행된 연구를 마무리한 논문으로서 연구를 시작해서 끝내는 기간이 2년을 넘지 않습니다.

흔히 말하는 '포닥'은 박사후연구원(Postdoctoral)의 영어 약자로서, 박사 학위를 마친 연구자가 기술과 경험을 숙련하기 위해 일정 기간 연구원으로 종사하는 임시직입니다. 비전임 연구원이라고도 하며, 정년 보장의 기회가 있는 전임 연구원 또는 전임 교수와 달리 정년 보장의 기회가 없습니다. 포닥의 신분을

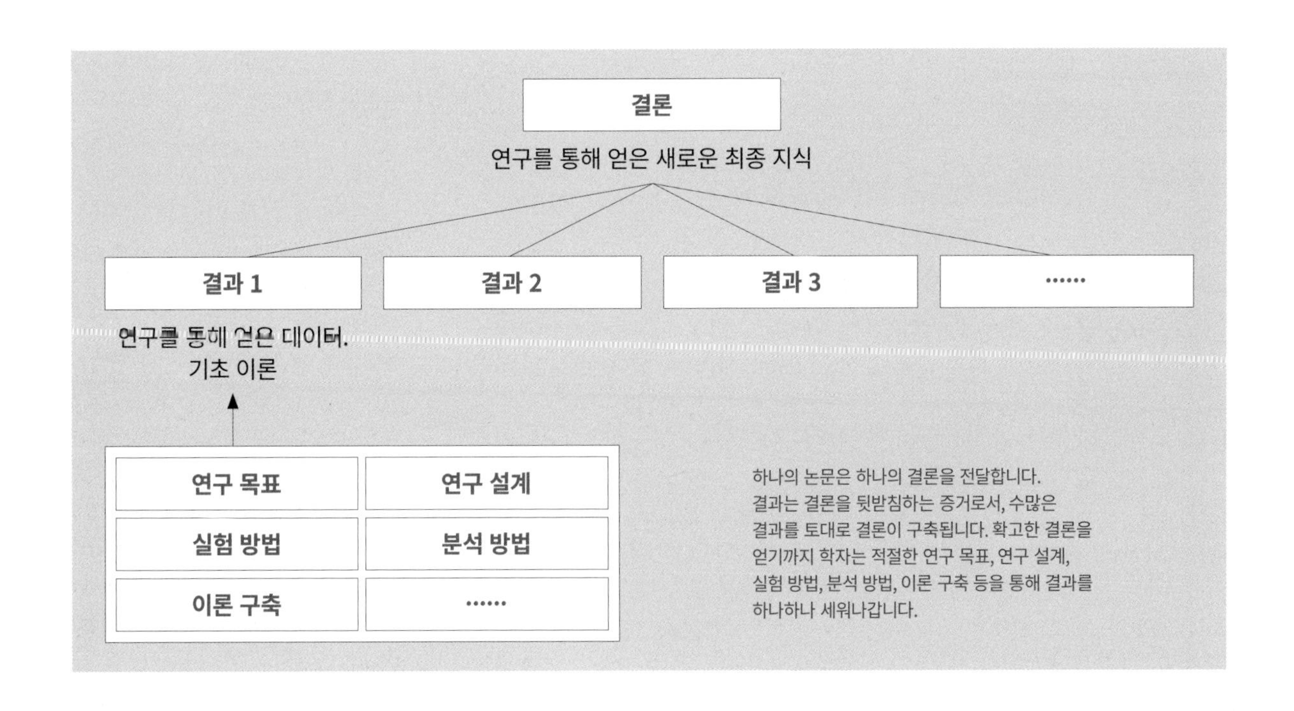

가진 연구원이라면 박사 졸업 후 되도록 빨리 새로운 기술을 습득하고 연구 경력을 쌓아 좋은 논문을 많이 발표해야 합니다. 논문의 양과 질이 연구 실적이 됩니다. 박사 학위를 받은 순간부터 전문가로서 경력을 시작하는 것이라고 보기 때문에 박사 학위 이후의 연구 실적이 앞으로의 진로 개척에 가장 중요합니다.

교수에게도 논문은 연구 실적입니다. 정년이 보장된 전임 교수라고 해도 조교수, 부교수, 정교수의 진급을 위해서는 일정한 연구 실적이 필요하기 때문에, 좋은 논문을 쓸 수 있도록 끊임없이 노력해야 합니다. 특히 정년 보장을 받기 위해서는 우수한 연구 실적이 필요합니다. 정년 보장을 받으면 연구 실적이 다소 떨어질 수 있지만 진급의 스트레스가 없기 때문에 더 자유롭게 더 좋은 연구를 수행할 수 있습니다. 학자로서 꾸준히 연구 수준을 높이며 명성을 쌓아 가는 것이 교수의 사명 중 하나입니다.

논문 하나가 게재되기까지, 어떤 과정이 기다리고 있나요?

학자가 논문 초고를 써서 학술지에 보내면, 편집자는 먼저 그 논문 초고를 검토하여 학술지에 잘 맞는지 논문의 수준이 적절한지 등을 판단하여 저자에게 돌려보낼지 아니면 외부 동료 평가를 의뢰할지를 결정합니다. 논문을 외부에 보내 관련 분야의 저명한 학자에게 검토를 받는 과정을 동료 평가 또는 영어로 '피어리뷰'라고 합니다. 동료 평가를 완료한 논문을 편집자가 게재 승인, 수정, 거절 등 심사 결과를 결정하여 저자에게 통보합니다. 게재 승인을 받은 논문은 출판 과정으로 들어가며, 수정 권고를 받은 논문은 적절한 기간에 수정을 완료해야 합니다. 거절 결정을 받은 논문은 다른 학술지에 보내거나 거절에 대한 반박 편지를 작성하여 재도전하기도 합니다. 게재 승인을 받은 논문은 출판 직전 교정본 형태로 편집되어 저자에게 전달되며 저자는 교정본을 보며 최종 검토를 합니다. 이후 모든 과정이 끝나면 논문은 정해진 순서에 따라 학술지에 출판됩니다. 긴급하고 중요한 논문은 종이로 인쇄되기 전에 온라인으로 먼저 공개되기도 하며 온라인 공개를 기준으로 출판 날짜를 규정합니다. 논문 전문이 공개된 이후에 홍보를 위한 보도 기사를 실을 수 있습니다. 출판 전까지 보도를 하지 않는 약속을 '엠바고'라고 합니다. 논문이 출판된 이후에도 논문에 오류나 윤리적 문제가 발견되면 저자가 논문을 철회하거나 학술지에서 논문을 취소시킬 수도 있고 작은 오류는 수정 내용을 공개하여 오류를 조정하기도 합니다.

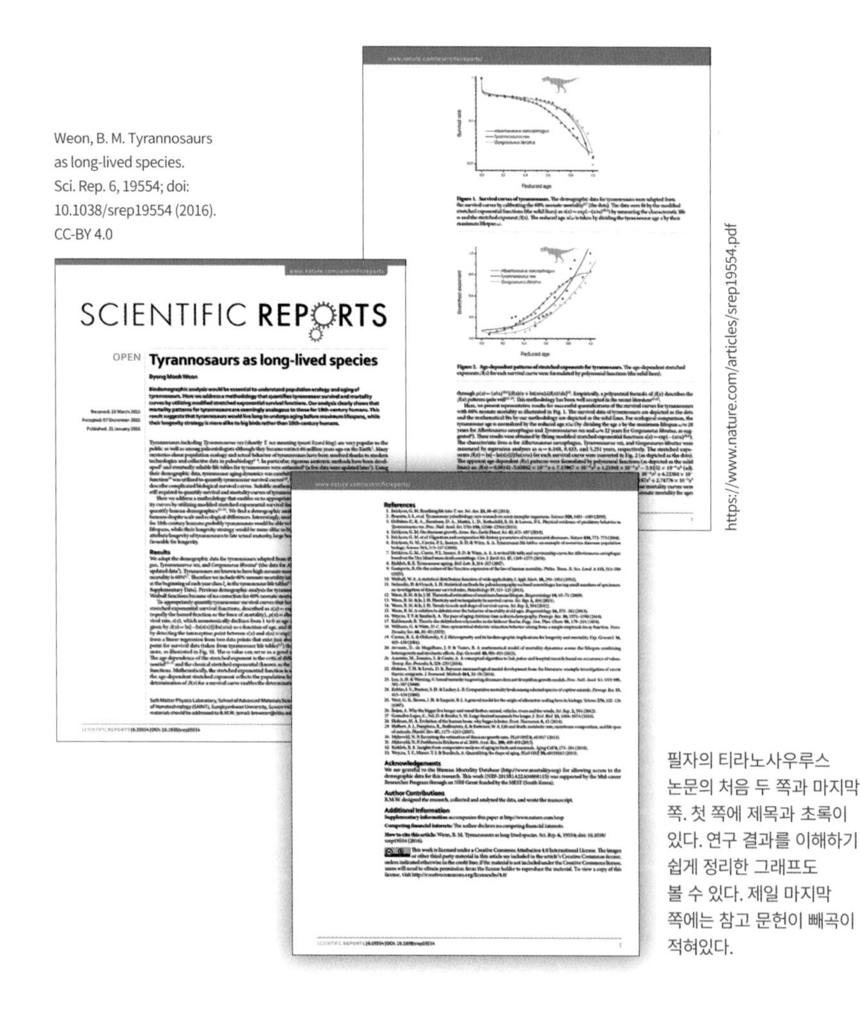
SCIENTIFIC REPORTS

OPEN

Tyrannosaurs as long-lived species

Byung Mook Weon

https://www.nature.com/articles/srep19554.pdf

Weon, B. M. Tyrannosaurs as long-lived species. Sci. Rep. 6, 19554; doi: 10.1038/srep19554 (2016). CC-BY 4.0

필자의 티라노사우루스 논문의 처음 두 쪽과 마지막 쪽. 첫 쪽에 제목과 초록이 있다. 연구 결과를 이해하기 쉽게 정리한 그래프도 볼 수 있다. 제일 마지막 쪽에는 참고 문헌이 빼곡이 적혀있다.

논문에 관한 재미있는 일화가 있을까요?

모든 논문은 저마다 사연이 있어요. 몇 가지 재미있는 사례를 소개합니다.

첫 번째 사례는 불과 일주일 만에 완성해서 학술지에 보냈던 논문입니다. 제가 논문 작성 방법을 배운 논문이죠. 대학원 박사 과정 초기에 옆 연구실 동료가 흥미로운 논문을 출판했어요. 그런데, 그 논문을 보면서 실험 결과를 새로운 수학 모델로 새롭게 분석해보면 어떨까 하는 아이디어가 떠올랐어요. 그래서 그 동료에게 데이터 원본을 요청했고 데이터를 받아 분석하여 새로운 관점을 제시하는 결과를 얻었어요. 그래서 교수님들의 검토를 받아 일주일 만에 논문을 완성해서 학술지에 제출했습니다. 얼마 후에 논문이 게재 승인을 받아 큰 기쁨을 맛보았습니다. 이 논문 덕분에 아이디어 착안부터 논문 완성까지 일주일 만에 가능하다는 소중한 경험을 얻었습니다.

두 번째 사례는 데이터 보관의 중요성을 깨달은 논문입니다. 박사 과정 초기에 흥미로운 실험을 하고 영상 데이터를 컴퓨터 어딘가 저장해 두고 까맣게 잊고 있었어요. 7년 후에 지도교수님이 그 영상을 발견하시고 저에게 이메일로 다시 보내주셨어요. 박사 학위를 받고 연구조교수로 있는 동안 그 영상을 다시 보니 무척 흥미로운 현상이 담겨 있는 것이었어요. 그 덕분에 새로운 물리 현상을 발견할 수 있었고 물리학 분야 권위 있는 학술지에 결과를 발표할 수 있었어요. 이 논문 덕분에 데이터 보관을 잘하면 나중에 중요한 발견을 할 수도 있다는 사실을 배웠습니다. 모든 실험 데이터는 소중합니다.

세 번째 사례는 저의 전공 분야와는 아무 상관 없는 다른 분야에서 논문을 발표하는 것이 가능하다는 것을 배운 논문입니다. 제가 산업체 연구소에서 개발한 제품의 수명 곡선 예측 수학 모델을 티라노사우루스 수명 곡선에 적용하여 분석한 연구를 진행한 적이 있습니다. 어느 날 우연히 《사이언스》지에 실린 논문에서 티라노사우루스 수명 곡선 데이터를 발견했어요. 화석 데이터에 의존한 티라노사우루스 수명 곡선은 너무나 귀한 데이터라 무척 흥미로웠어요. 그러다 제가 개발한 수학 모델을 적용해 보면 어떨까 하는 아이디어가 떠올라 즉시 분석을 해봤습니다. 그렇게 하면 새로운 통찰을 제공할 것 같았어요. 그래서 잘 모르지만, 관련 논문을 찾고 데이터를 정리해서 논문을 작성해서 논문을 학술지에 보냈습니다. 그렇게 저의 생애 첫 단독 저자 논문이 되었습니다. 한 분야에서 탄탄하게 구축한 기초 연구가 다른 분야에 유용하게 활용될 수 있고 분야가 달라도 얼마든지 도전할 수 있습니다.

원병묵
성균관대학교 교수. 물리학, 생물학, 의학, 재료과학, 기계공학, 화학공학 등 학문의 경계를 뛰어넘는 연구를 수행하며 국제학술지에 80여 편의 논문을 발표했다. 《네이처(Nature)》 자매지인 《사이언티픽 리포트(Scientific Reports)》등 저널의 편집위원으로 활동. 학생들의 논문 쓰기 훈련의 필요성을 절감하고 과학 논문 쓰기 온라인 강의를 열었다. 저서로는 『원병묵 교수의 과학 논문 쓰는 법』(2021)이 있다.

일반인도 논문을 읽을 수 있나요?

그럼요! 다만, 올바로 읽는 방법을 알아야죠. 논문을 읽는 다섯 가지 방법을 제안합니다.

1. 좋은 논문 찾기

좋은 책을 찾아 읽을 때 좋은 지식을 배울 수 있듯 좋은 논문을 찾아 읽는 것이 가장 중요합니다. 수많은 논문 중 좋은 논문을 찾기는 쉽지 않지만, 이렇게 해보세요. 우선, 최상위 학술지나 저명한 학술지에 나온 최신 논문의 제목과 초록을 대충 훑어봅니다. 관심 있는 논문이 있으면 본문을 찾아봅니다. 읽고 싶은 좋은 논문이라 판단되면 그 논문을 내려받아서 읽기 시작합니다.

2. 제목과 초록 읽기

논문은 일반적으로 일정한 형식을 갖추고 있어 어디를 집중적으로 읽을지 알 수 있습니다. 논문은 기본적으로 제목, 저자, 초록, 서론, 본론, 결론, 참고 문헌, 연구 사사, 보충 자료의 순서로 작성됩니다. 가장 중요한 부분은 제목과 초록입니다. 제목은 논문의 핵심 내용을 가장 짧게 요약한 '단어의 묶음'이기 때문에 제목을 먼저 정확하게 이해해야 합니다. 제목의 가장 중요한 단어는 첫 단어입니다. 논문에서 가장 강조하고 싶은 내용이 첫 단어에 반영되어 있습니다. 제목으로 논문의 전체 내용을 유추하는 것도 좋습니다. 다음으로 이해할 부분이 초록입니다. 초록은 한 문단 정도로 논문 전체 내용을 요약 정리한 글입니다. 초록을 이해하면 논문 전체를 쉽게 이해할 수 있습니다.

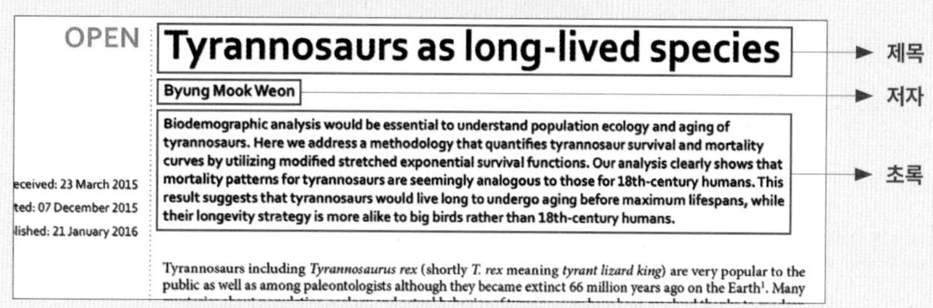

OPEN

Tyrannosaurs as long-lived species

Byung Mook Weon

eceived: 23 March 2015
ted: 07 December 2015
lished: 21 January 2016

Biodemographic analysis would be essential to understand population ecology and aging of tyrannosaurs. Here we address a methodology that quantifies tyrannosaur survival and mortality curves by utilizing modified stretched exponential survival functions. Our analysis clearly shows that mortality patterns for tyrannosaurs are seemingly analogous to those for 18th-century humans. This result suggests that tyrannosaurs would live long to undergo aging before maximum lifespans, while their longevity strategy is more alike to big birds rather than 18th-century humans.

Tyrannosaurs including *Tyrannosaurus rex* (shortly *T. rex* meaning *tyrant lizard king*) are very popular to the public as well as among paleontologists although they became extinct 66 million years ago on the Earth[1]. Many

앞서 소개한, 필자의 티라노사우루스 논문의 첫 페이지. 논문을 읽고 이해하는 데 가장 중요한 제목과 초록은 논문의 제일 앞에서 볼 수 있다.

3. 전문 용어 이해하기

논문은 전문 용어로 가득합니다. 해당 학문을 전공하지 않으면 정확한 의미를 잘 모를 수 있습니다. 논문에서 자주 사용하는 전문 용어의 의미를 찾아볼 필요가 있습니다. 그런 용어가 '키워드'인데, 이를 찾아 파악하면 논문 전체가 더 잘 이해됩니다.

4. 결과와 결론 읽기

하나의 논문은 하나의 결론을 전달합니다. 논문의 최종 결론이 무엇인지 파악하는 것이 중요합니다. 결론은 본문 마지막 문단에 명확하게 기술되어 있거나 논의 부분 끝에 언급되어 있습니다. 하나의 결론은 여러 결과가 모여 완성됩니다. 결과는 그림이나 표로 정리되어 있으며, 그림이나 표 하나는 결과 하나에 해당합니다. 핵심 결과를 빠르게 이해하려면 그림이나 표를 순서대로 빠르게 살펴보는 것이 좋습니다. 결론부터 먼저 명확하게 이해하고 그 결론이 얻어지기까지 관련 결과가 무엇인지 연결할 수 있으면 됩니다.

5. 나머지 상세하게 읽기

논문의 나머지 부분은 서론, 논의, 연구 방법, 참고 문헌, 연구 사사, 보충 자료 등입니다. 서론은 연구가 시작된 배경, 그 분야에 새롭게 기여하는 맥락을 밝히는 부분이라 학문의 맥락을 이해하고 싶을 때 깊이 읽으면 됩니다. 논의는 현재 연구가 기존 연구와 어떻게 같거나 다른지 비교 분석하여 그 원인을 추정하는 부분이라 상세히 원인과 메커니즘을 이해하고 싶을 때 면밀하게 읽으면 됩니다. 다른 부분은 관련 정보가 필요할 때 찾아 읽으면 됩니다.

글. 남현경(ESC), 메이커스 편집팀

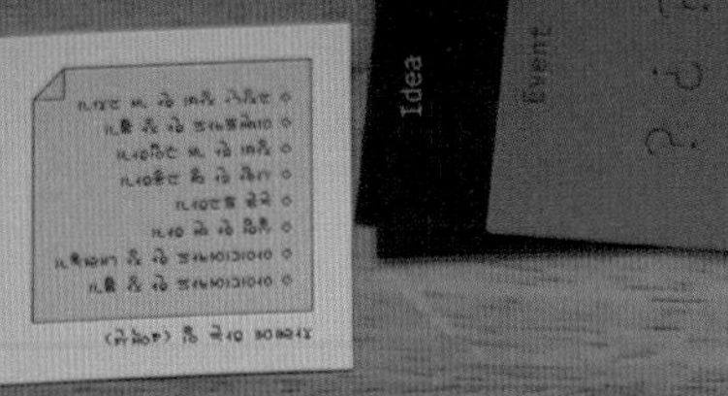
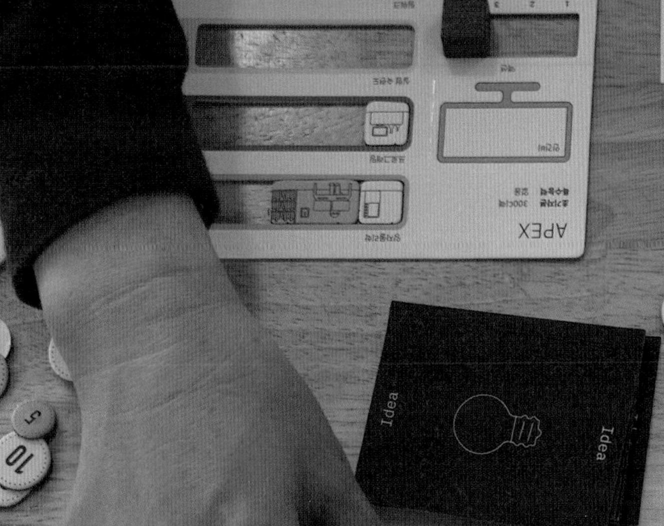

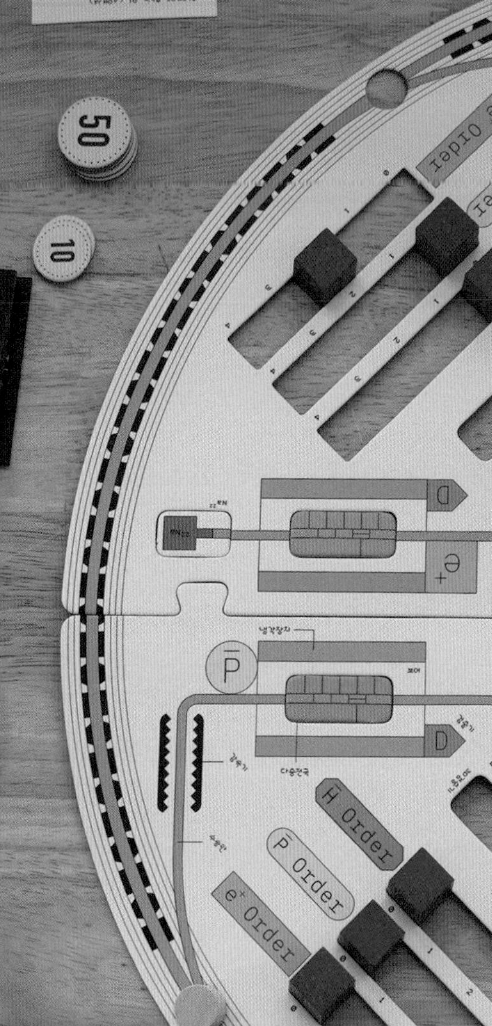

이공계 연구소

게임의 상세한 규칙을 차근차근 알아보자

Idea
Anti-matter Magazine
ASTEP
Event
APLUS
양자물리학
프로그래밍
H Order
P Order
e+ Order

보드게임 규칙

게임 준비

게임 기물 배치

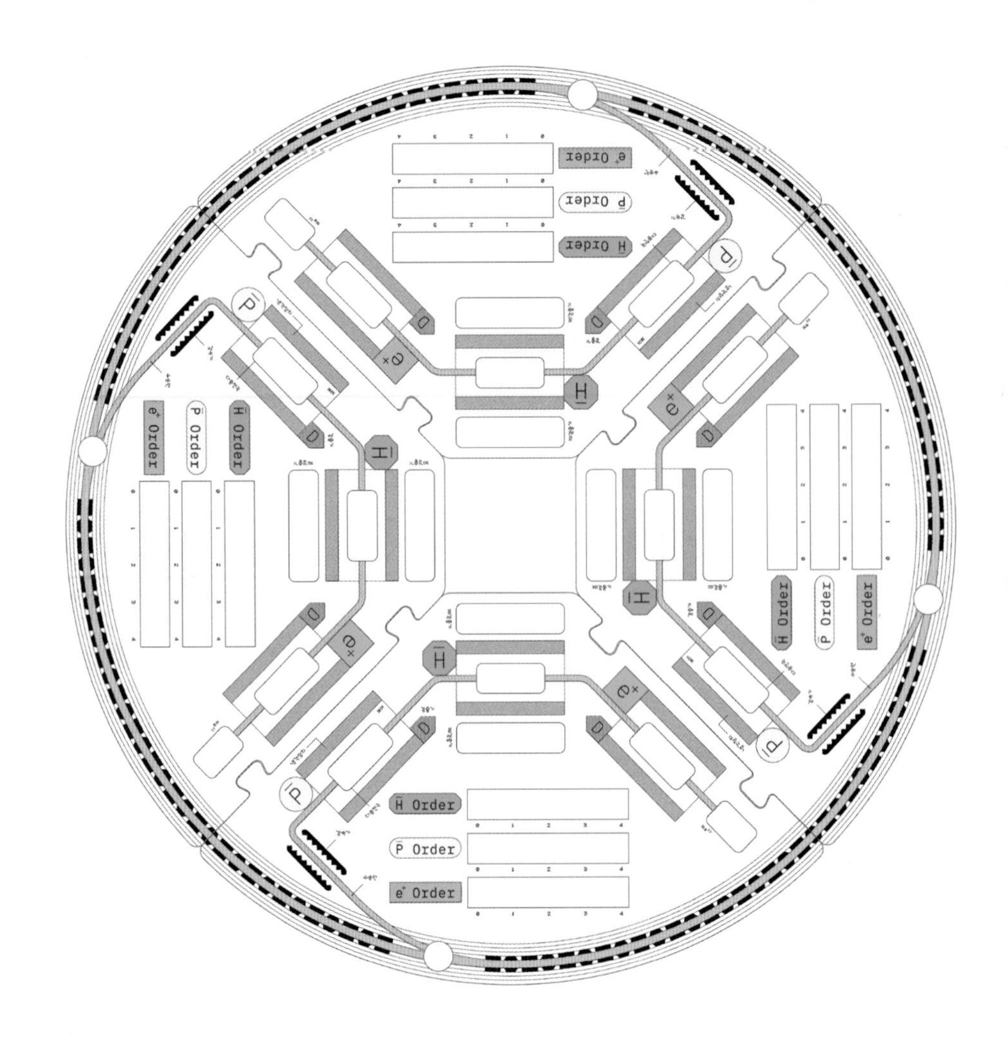

1. 전체보드 준비: 전체보드를 원형으로 붙입니다.

원 모양의 전체보드 네 조각을 합쳐 하나의 원형으로 만들어 가운데에 놓습니다. 가장자리의 노란색 원은 '반양성자 감속기'입니다.
각 플레이어는 네 개의 전체보드 조각 중 자신의 앞에 놓인 것을 자신의 것으로 정합니다.

2. 각자 개인보드 1개와 초기자본을 받습니다.

개인보드 준비: 각 플레이어는 개인보드를 하나씩 받아 자기 앞에 놓습니다. 개인보드는 플레이어 각자의 연구실입니다. 능력치가 보이지 않도록 엎어 둔 다음, 각자 하나씩 가져갑니다.
초기자본 받기: 각자 개인보드에 쓰인 '초기자본'을 받습니다. 각 플레이어의 개인보드에는 '초기자본'과 '특수능력'이 적혀 있습니다. 각 플레이어는 서로 다른 능력치를 가지고 있고, 기본 연구비도 다릅니다.

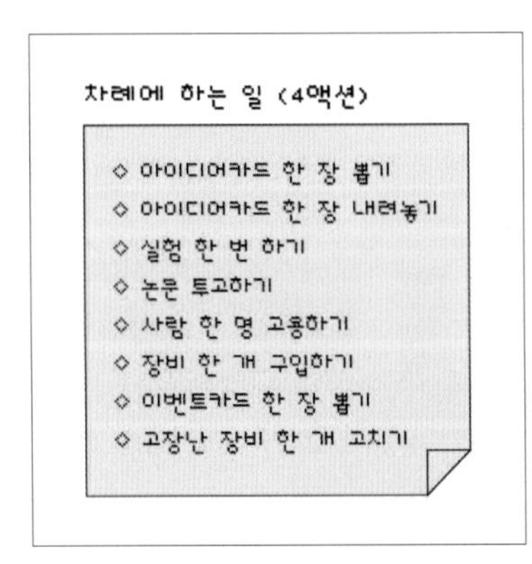

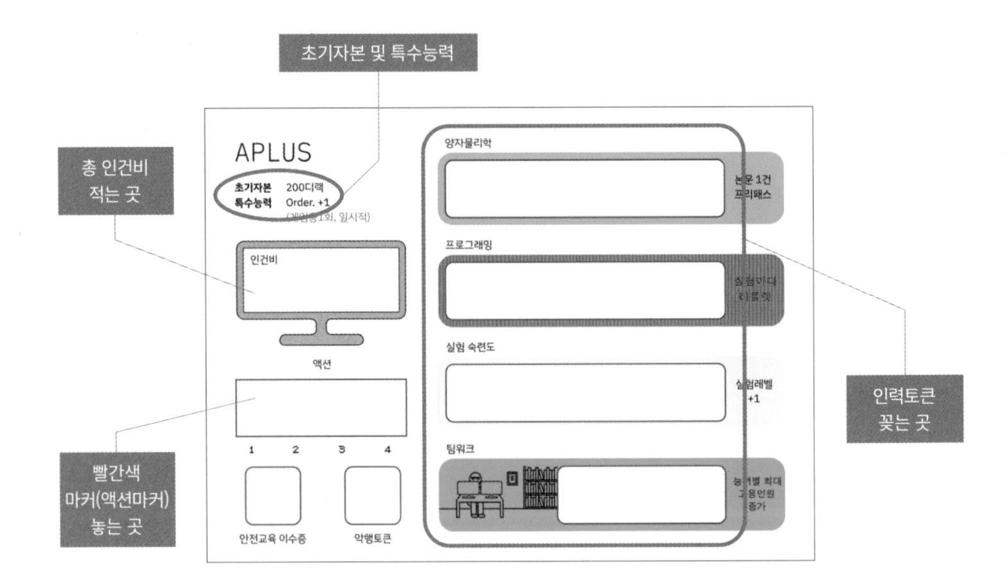

개인보드에는 현재의 인건비를 적는 자리와, 앞으로 고용할 인력, 즉 '인력 토큰'을 꽂을 자리가 마련되어 있습니다. 인건비 란에는 인건비 총액이 바뀔 때마다, 보드마커로 현재의 인건비를 적어둡니다.
'차례에 하는 일' 카드 받기: '차례에 하는 일' 카드도 각자 한 장씩 받습니다. 이 카드에는 각자 자기 차례(턴)에 할 수 있는 행동들이 적혀있습니다. 게임 중 보면서 참고하세요.

3. 빨간 육면체로 된 마커 4개를 전체보드의 각 오더와 개인보드의 액션 칸에 하나씩 놓습니다.

플레이어마다 빨간 큐브 4개씩을 배치합니다. 전체보드의 각 order(e+, p bar, H bar)의 0에 하나씩 올려둡니다. 이 빨간 큐브는 양전자 생성 실험(e+), 반양성자 생성 실험(p bar), 반수소 생성 실험(H bar) 세 종류의 실험을 한 후 각 실험 결과를 나타낼 때 씁니다. 나머지 하나는 개인보드의 '액션' 칸의 '1'에 빨간 큐브를 하나씩 놓습니다. 각 플레이어는 자기 차례에 총 4개의 액션을 할 수 있습니다. 몇 개까지 액션을 취했는지 표시할 때 씁니다.

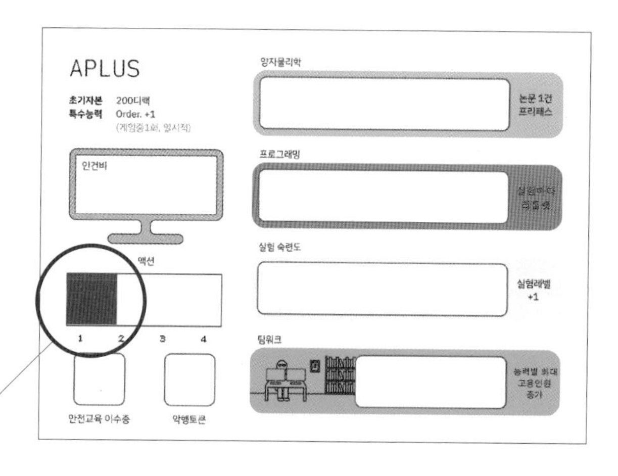

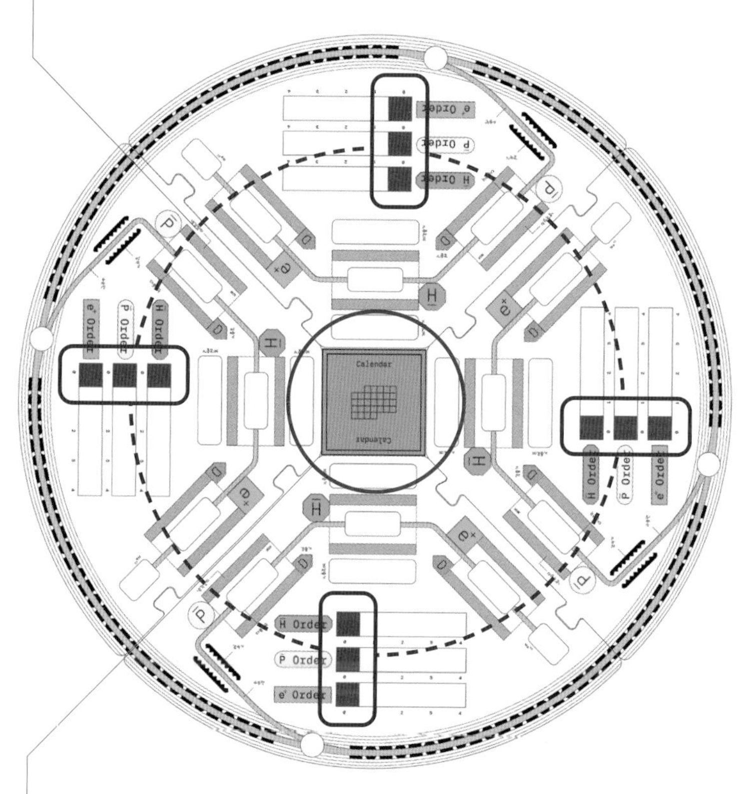

4. 파란색 전체이벤트카드를 잘 섞어 전체보드의 가운데에 엎어 둡니다.

난이도를 쉽게 플레이하고 싶다면, 이 전체이벤트카드 중 '연구계획서 제안시기'는 모두 빼고 진행하세요. 자기 차례 중 언제라도 연구계획서 제안을 할 수 있습니다.
난이도를 어렵게 플레이하고 싶다면, '연구계획서 제안시기' 카드를 섞어넣어서 진행하세요. 이 카드가 나온 라운드에만 연구계획서를 제안할 수 있습니다.

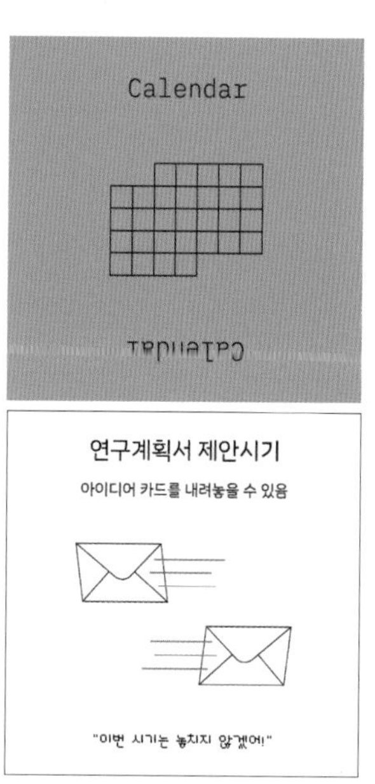

5. 다른 카드들(아이디어카드, 실험결과카드 3종, 빌런이벤트카드, 개인이벤트카드)은 잘 섞어 전체보드 근처에 둡니다.

각종 카드들은 종류별로 잘 섞고, 가지런히 쌓아 적당한 위치에 둡니다. 전체이벤트 카드는 가속기 가운데에 있는 사각형의 빈자리에 엎어서 놓습니다. 다른 카드들(아이디어카드, 실험결과카드 3종, 빌런카드, 개인이벤트카드)은 종류별로 잘 정리해서 전체보드 근처 적당한 곳에 엎어서 놓습니다.

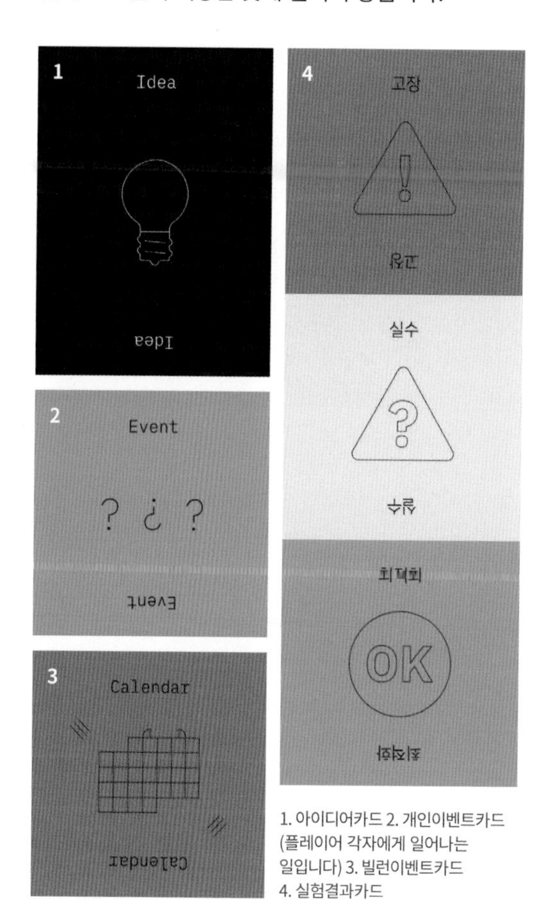

1. 아이디어카드 2. 개인이벤트카드 (플레이어 각자에게 일어나는 일입니다) 3. 빌런이벤트카드 4. 실험결과카드

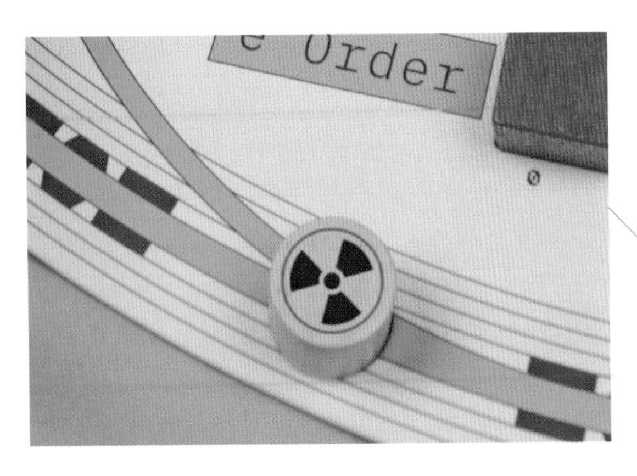

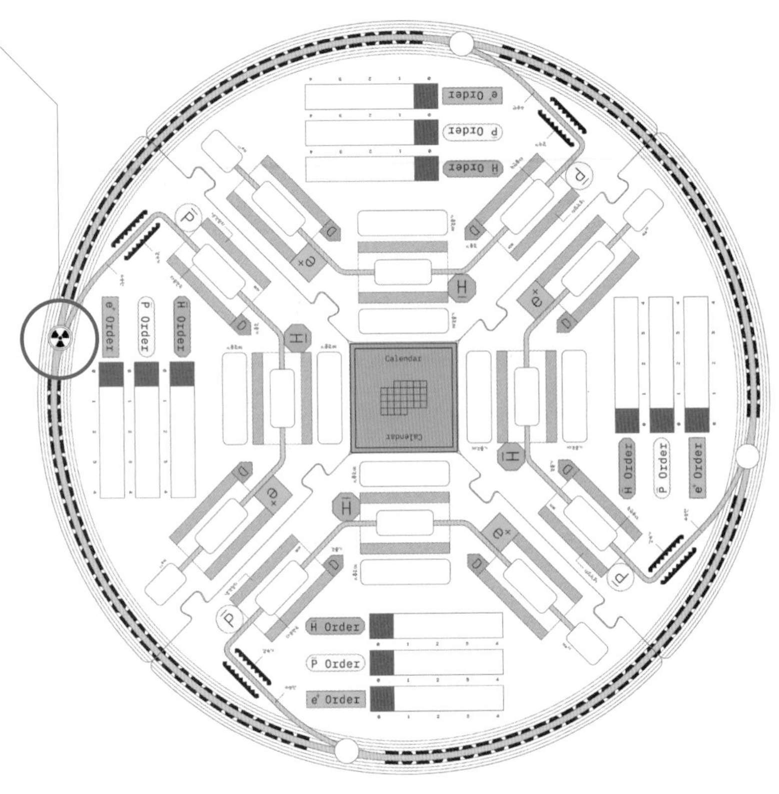

6. 선마커(노란색 원기둥 나무 블록)를 제일 먼저 시작할 사람의 전체보드에 끼웁니다.

어느 플레이어가 '선 플레이어(라운드가 시작될 때 가장 먼저 자기 차례가 돌아오는 플레이어)'가 될지 정합니다. '선마커'를 그 플레이어의 전체보드판에 놓습니다. 노란 선이 갈라지는 곳에 동그란 구멍이 있는데, 이것이 선마커의 자리입니다.

7. 주머니에 인력토큰을 모두 넣어 섞습니다.

인력 토큰을 섞어서 검은색 주머니(인력주머니)에 모두 넣습니다. 오른쪽 위부터 반시계방향으로 교수, 스태프, 포닥, 대학원생입니다. 녹색은 팀워크, 노랑색은 실험숙련도, 빨강색은 프로그래밍, 파랑색은 양자물리학이 담당 분야입니다. 흰색인 대학원생은 담당 분야가 정해져 있지 않습니다. 교수 토큰은 다른 종류의 인력 2칸의 크기인데, 이 게임 속에서의 교수는 남보다 2배의 일을 하고 2배 많은 인건비가 든다는 것을 나타냅니다.
나머지 토큰들 및 동전은 종류별로 잘 모아서 근처에 두도록 합니다.

아래의 배치가 전체 기물을 모두 배치했을 때의 모습이다.
토큰들은 종류별로 잘 모아두고,
현재의 인력 풀 외의 인력토큰은 모두 검은색 주머니에 넣어둔다.

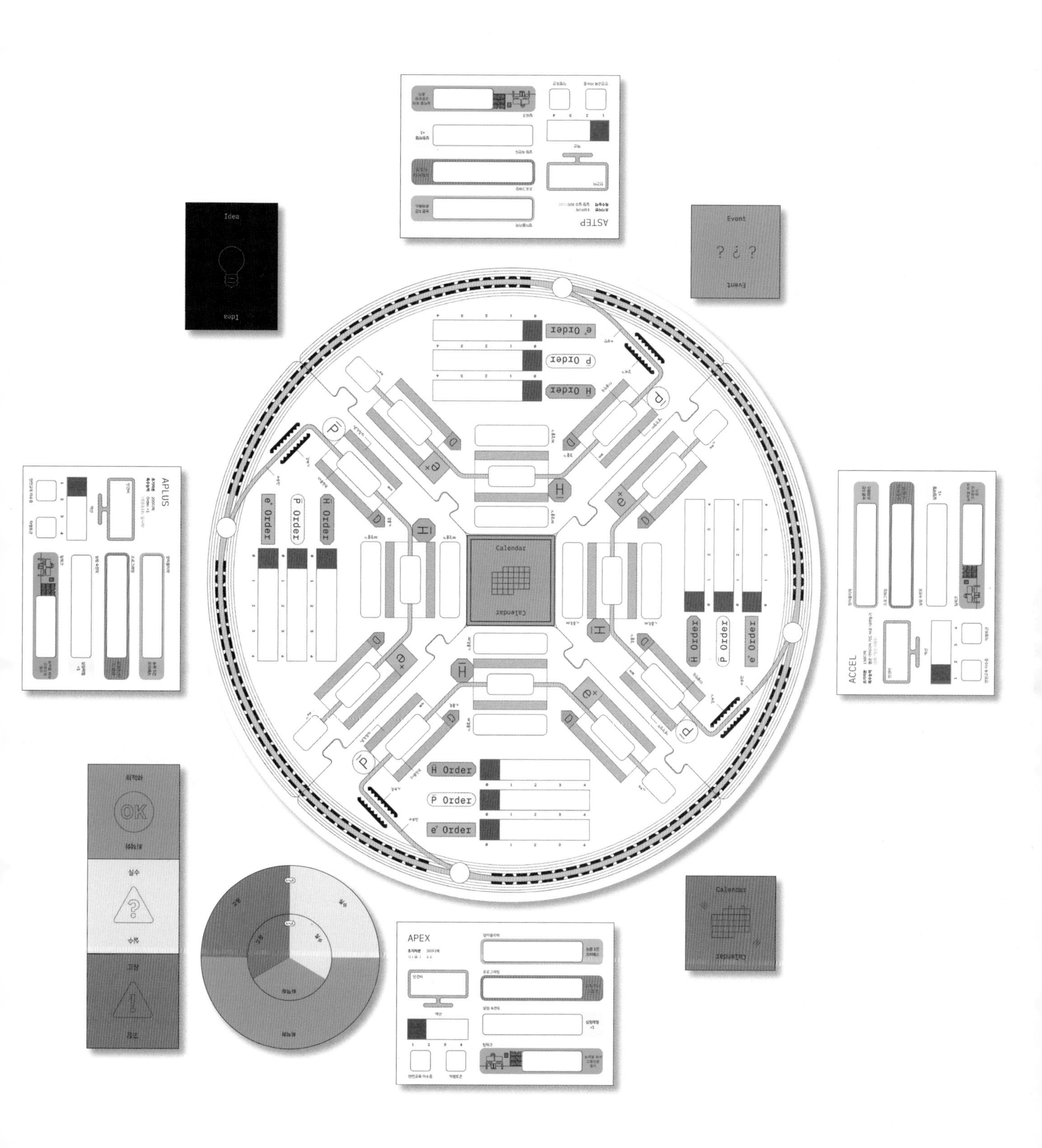

라운드 준비

새해가 밝았습니다!

게임에서 한 라운드는 1년입니다. 1년 동안 할 일을 진행합시다.

1. 전체이벤트카드를 한 장 뒤집어서 맨 위에 올려둡니다.

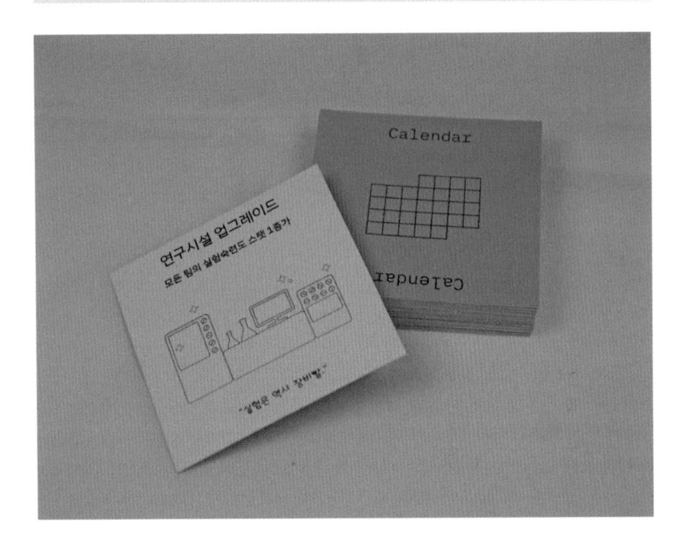

이 전체이벤트카드는 이번 라운드에 플레이어 모두에게 적용되는 '현재의 상황'입니다. 이 전체이벤트카드의 내용에 따라 '좋은' 효과가 발생하거나 '나쁜' 효과가 발생할 수 있습니다. 예를 들어, 연구 시설이 업그레이드 되어 각자의 능력치가 오를 수도 있고, 연구소 정전으로 모두가 실험이 불가능하게 될 수도 있습니다.

2. 선플레이어가 인력주머니에서 플레이어수+3명 만큼 인력 토큰을 꺼냅니다.

선플레이어가 인력주머니(인력 토큰을 넣어둔 검은 주머니)에서 플레이어 수+3명만큼 인력 토큰을 꺼냅니다. 이때 주머니 속을 보지 않고 뽑도록 합니다. 4명이서 게임을 할 때는 7개, 3명이서 게임을 할 때는 6개, 2명이서 게임을 할 때는 5개를 꺼냅니다(뽑는 사람이 토큰을 만져보면서 교수인지 아닌지는 알 수 있겠지만, 상관은 없습니다. 이 게임에서 교수만 많이 뽑는다고 좋은 것은 아니기 때문이지요).
꺼낸 인력은 게임판 주변 적당한 곳에 잘 모아둡니다. 이곳은 '인력 풀'입니다. 두번째 이후의 라운드에서는, 주머니에서 꺼낸 인력 토큰을 앞선 라운드에서 남은 인력을 모아놓은 인력 풀에 더해줍니다.

3. 나머지 플레이어들이 원하는 인력 토큰을 하나씩 데려옵니다.

선플레이어어의 오른쪽 사람(꼴찌 순서)부터 오른쪽 방향으로, 위에서 뽑혀 나온 인력 중에서 하나씩 골라 데려옵니다. 마지막으로 선플레이어가 데려옵니다. 데려온 인력은 각자 자기 개인보드의 같은 색의 능력치칸에 끼웁니다.

- 인력은 다른 색깔의 능력치 칸에 끼울 수 없습니다.
- '팀워크(녹색)' 칸에 있는 인력보다 많은 인력을 다른 색깔 능력치 칸에 끼울 수 없습니다.
- 녹색인 '팀워크' 칸에는 이미 교수가 한 명 포함되어 있습니다. 이 교수는 바로 당신입니다! 이 교수(당신)도 다른 교수 토큰과 똑같습니다. 대학원생을 데리고 있을 수 있으며, 라운드 종료 후 인건비를 계산할 때 당신의 인건비도 포함시켜야 합니다.
- 대학원생은 어떤 색깔에도 끼울 수 있으나, 반드시 교수가 이미 한 명 이상 있는 능력치 칸에 끼워야 합니다. 대학원생에게는 지도교수가 필요하기 때문입니다. 한 명의 교수가 여러 명의 대학원생을 데리고 있을 수 있습니다. 대학원생은 어떤 색깔에도 끼울 수 있으나, 한번 끼우면 다른 색깔의 능력치칸으로 바꿀 수 없습니다(그의 지도교수가 결사반대할 테니까요!).

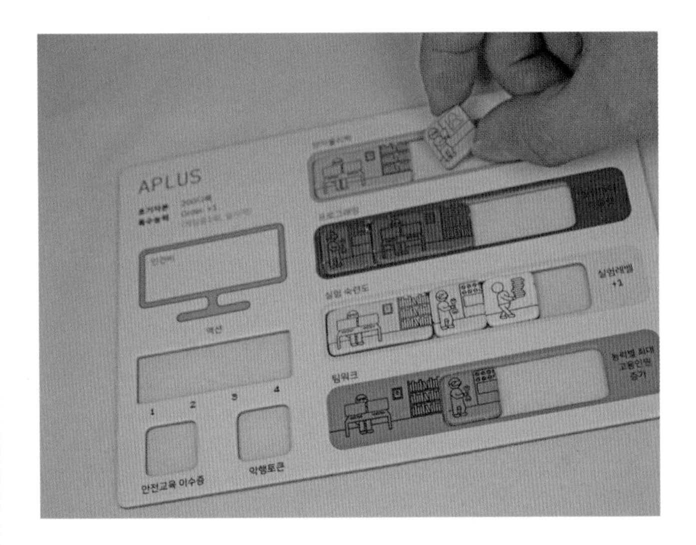

데려온 인력 토큰은 색깔별로 각 능력치칸에 끼웁니다. 다른 색깔에는 끼울 수 없습니다. 위 사진에서 노랑색 칸의 대학원생(흰색 토큰)을 보세요. 교수가 한 명 있기 때문에 한 명의 대학원생을 끼웠습니다. 하지만, 녹색 '팀워크' 칸이 3칸밖에 차지 않았기 때문에 사진과 같이 끼워서는 안 됩니다. 이 대학원생을 '팀워크'에 배정하든지, 팀워크 인력을 한 명 이상 더 데려와야 합니다. 남은 인력 토큰은 인력 풀에 모아둡니다. 주머니 속에 다시 넣지 않습니다.

> 능력치 칸에 인력이 가득 찼다면, 각 능력치 칸의 오른쪽에 쓰인 특수능력을 획득합니다. 특수능력 각각에 대한 자세한 설명은 52쪽을 보세요.

라운드 진행

한 해 동안 내 차례는 언제?

각 라운드 당, 플레이어들은 돌아가면서 자기 차례(턴)에 행동을 합니다.

1. 차례(턴) 돌아가는 순서

선마커를 가진 사람(선플레이어)부터, 왼쪽으로 차례대로 턴이 돌아옵니다.

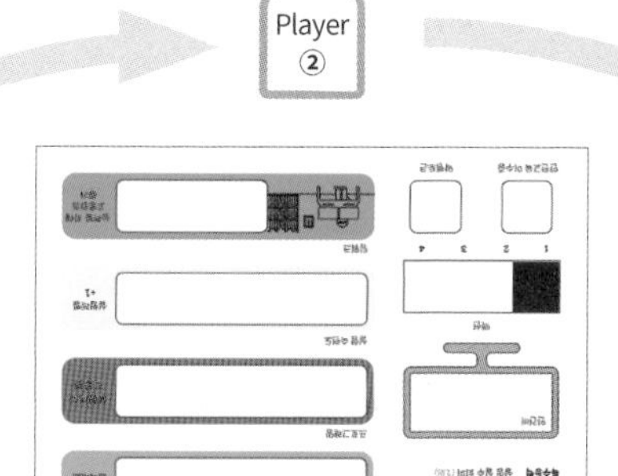

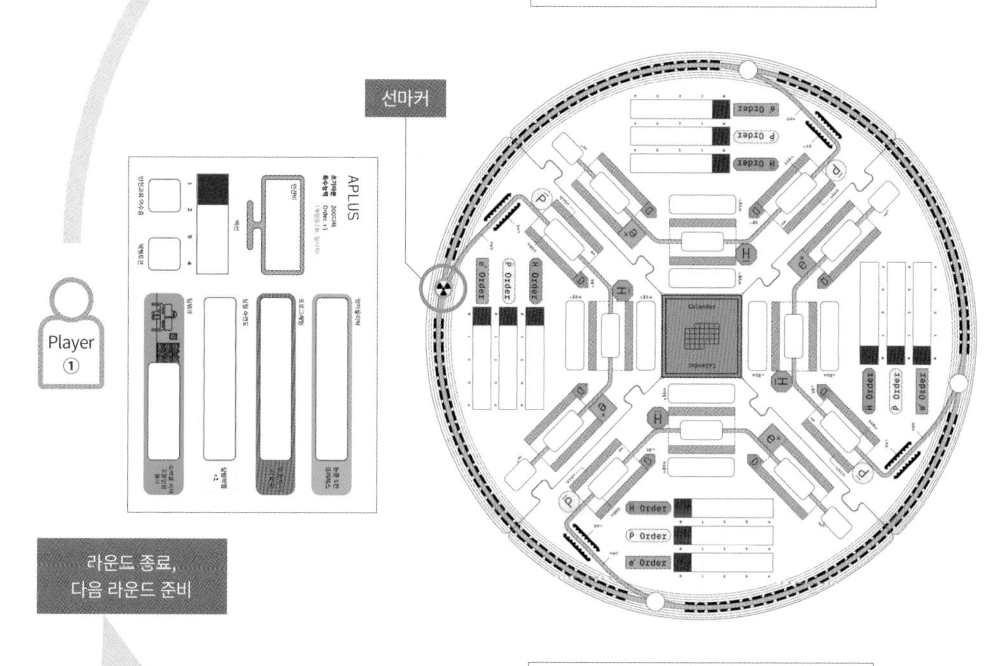

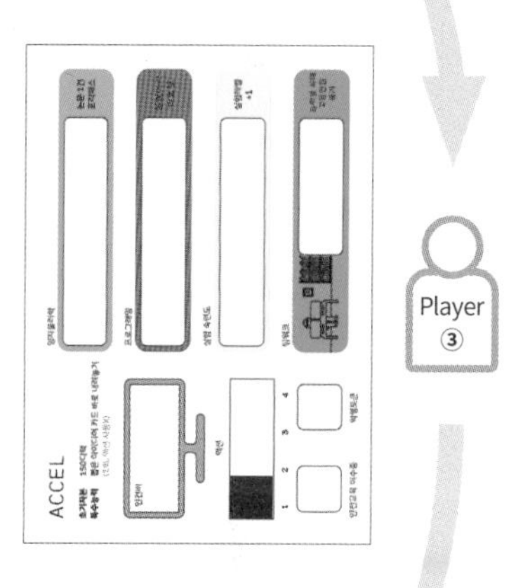

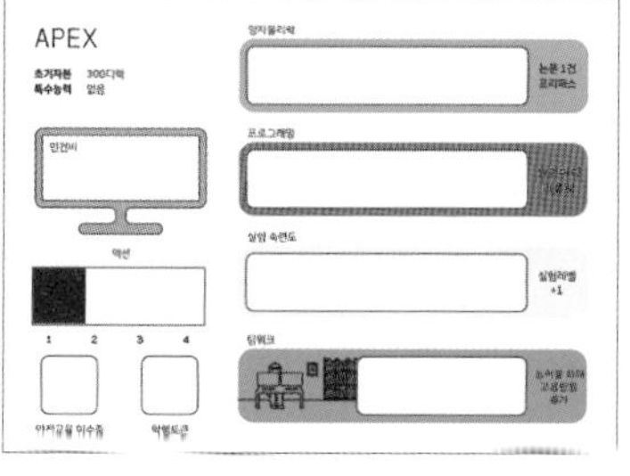

논문 커버와 아이디어 카드. 논문 게재에 성공하면 아이디어카드에 논문 커버를 씌웁니다.

2. 투고된 논문의 게재 성공 여부 확인

각 플레이어는 자기 차례가 돌아오면, 제일 먼저 '투고' 상태인 논문이 있는지 확인합니다. 투고된 논문이 있다면 주사위 하나를 굴려 게재 성공 여부를 확인합니다.

→ 4, 5, 6이 나오면 성공: 논문 투고된 아이디어카드에 논문커버를 씌웁니다.
→ 1, 2, 3이 나오면 실패: 다시 연구계획서 제안 단계로 돌아갑니다(아이디어카드를 옆으로 눕혀둡니다).

3. 행동(액션)

최대 4개의 행동(액션)을 하며 차례를 넘깁니다. 같은 행동을 여러 번 해도 됩니다. 위의 논문 게재 확인은 액션으로 세지 않습니다.

4. 라운드 종료

이렇게 한 바퀴를 다 돌면 한 라운드가 종료됩니다. 일년이 지났으니 인건비를 지급하세요.

라운드 중

자기 차례에 가능한 행동(액션)

자기 차례가 오면, 각 플레이어는 승리조건을 채우기 위해 다음과 같은 행동을 합니다. 행동은 한 번 자기 차례가 돌아왔을 때 최대 4번까지 할 수 있으며, 이 4번 안에서는 같은 행동을 여러 번 해도 됩니다.
아래에서 설명할, 자기 차례에 할 수 있는 행동들은 '차례에 하는 일' 카드에 요약되어 있습니다. 각자 한 장씩 가지고, 게임 중 참고하세요.

차례에 하는 일 (4액션)

◇ 아이디어카드 한 장 뽑기
◇ 아이디어카드 한 장 내려놓기
◇ 실험 한 번 하기
◇ 논문 투고하기
◇ 사람 한 명 고용하기
◇ 장비 한 개 구입하기
◇ 이벤트카드 한 장 뽑기
◇ 고장난 장비 한 개 고치기

1. 실험장비 구입하기

하나를 구입할 때마다 행동(액션) 하나씩 소모됩니다.

실험장비토큰(다중전극, 3D검출기, 나트륨-22)

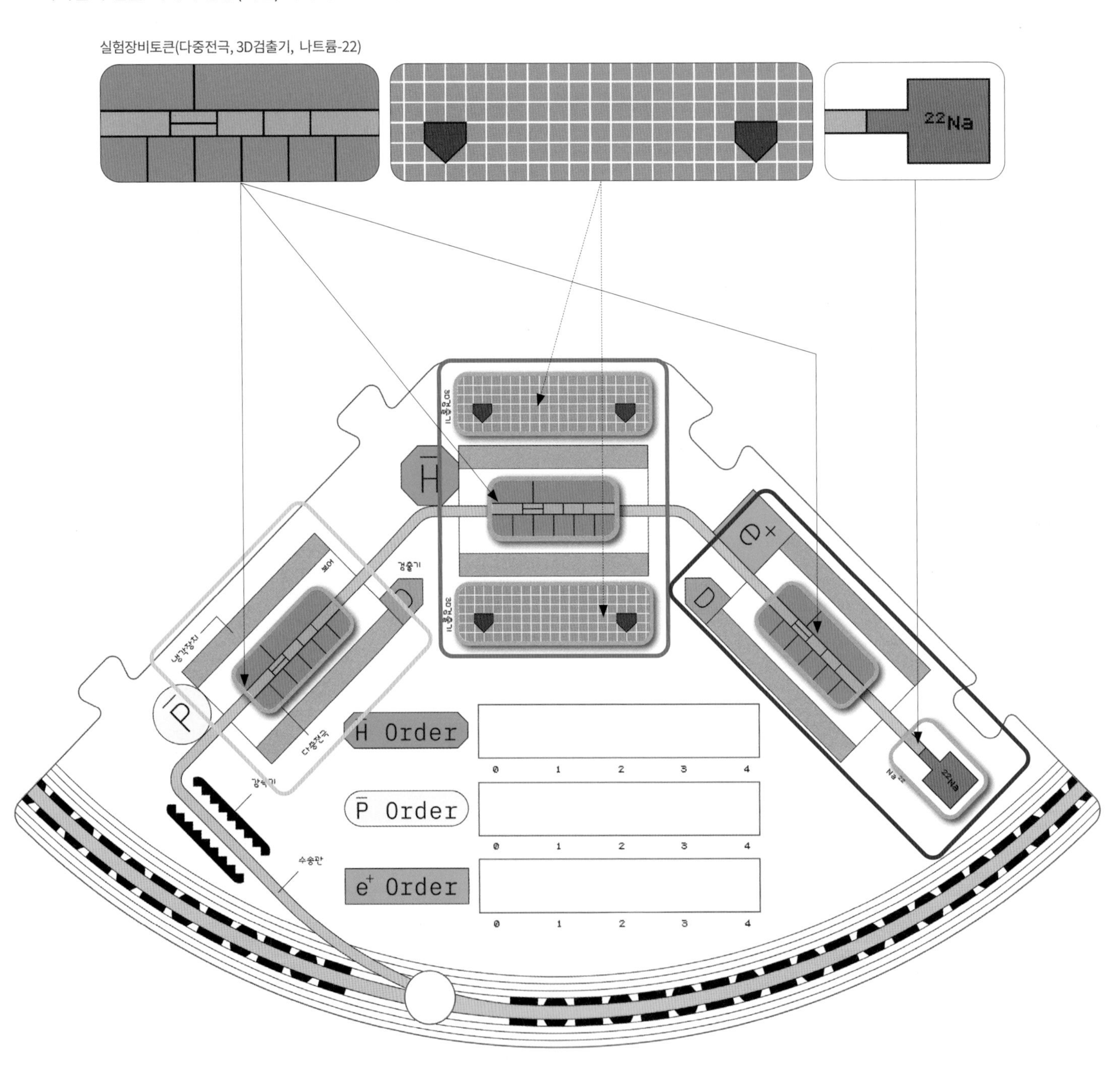

왼쪽 그림에서 파란색 사각형은 양전자 생성 실험, 노란색 사각형은 반양성자 생성 실험, 녹색 사각형은 반수소 생성 실험을 하기 위한 실험장비입니다.

- **각 장비의 가격:** 하나당 5디랙입니다. 하지만 3D검출기는 항상 한 쌍(두 개)을 한꺼번에 사야 하며 10디랙이 듭니다.
- **액션 소모:** 실험장비 하나(3D검출기는 1쌍) 구매할 때마다 행동(액션)이 하나씩 소모됩니다.

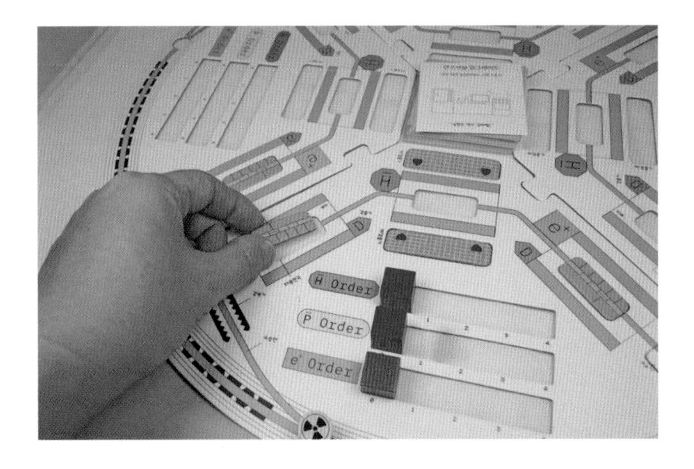

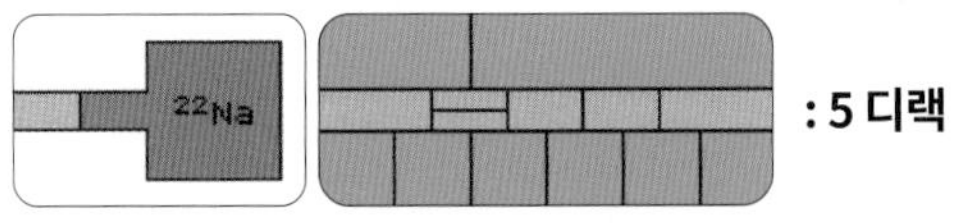

: 5 디랙

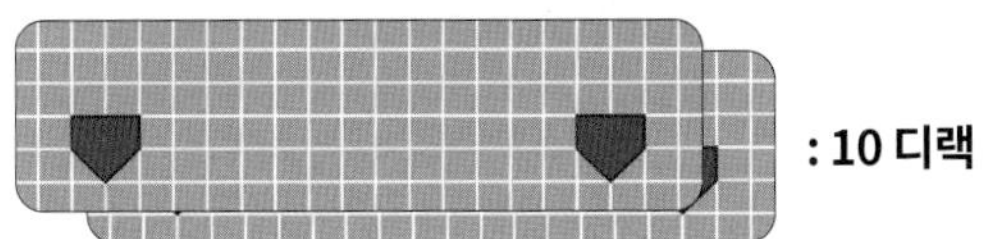
: 10 디랙

- **양전자(e+) 생성 실험:** 나트륨-22와 다중전극 1개가 갖추어져야 합니다.
- **반양성자(p bar) 생성 실험:** 다중전극 1개만 있으면 됩니다.
- **반물질(반수소, H bar) 생성 실험:** 위의 두 실험의 실험설비를 모두 갖춘 상태에서, 다중전극 1개와 3D검출기 2개(1쌍)이 갖추어져야 합니다.

2. 인력 고용하기

인력 풀에서 원하는 사람을 한 명 데려와 개인보드에 끼웁니다. 한 명을 데려올 때마다 행동(액션) 1개를 소모합니다. 원하는 인력이 없다면 패스할 수 있습니다.

분야마다 필요한 인력이 충분히 있어야 실험을 하고 논문을 쓸 수 있습니다. 교수, 포닥, 스태프, 대학원생 등의 연구 인력을 추가로 고용합니다(각 인력은 양자물리학, 실험숙련도, 팀워크, 프로그래밍 등 4개의 분야가 있고, 인건비도 다릅니다). 인력을 데려올 때는 인건비가 들지 않고, 라운드가 종료한 후 인건비를 지불합니다. 교수는 1라운드당 10디랙, 스텝과 포닥은 5디랙, 대학원생은 무료입니다. 인력을 데려올 때마다. 개인보드의 인건비 칸을 수정합니다.

> 해고는 언제라도 할 수 있습니다. 단, 다시 데려오려면 행동(액션)을 낭비하는 셈이니 전략적으로 선택합니다.

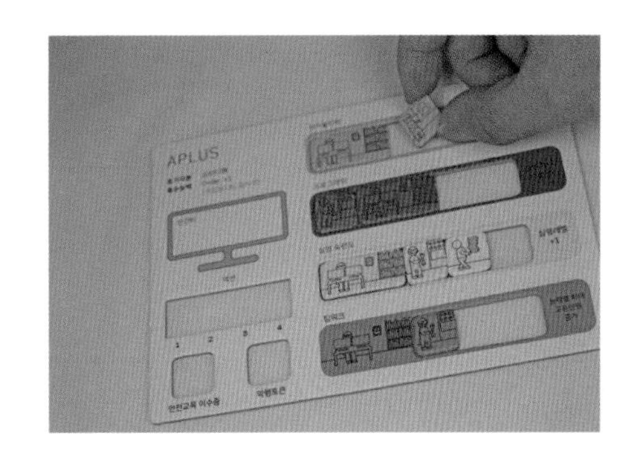

3. 개인이벤트카드 한 장 뽑기

개인이벤트카드는 플레이어 1명에게 적용되는 효과입니다. 전체이벤트카드와 마찬가지로 좋은 효과, 나쁜 효과를 받을 수 있습니다. 실험이 대성공할 수도 있고, 장비가 고장나거나 논문 표절 의혹을 받기도 합니다. 개인이벤트카드는 뽑은 즉시 그 효과를 적용받습니다. 카드의 효과가 마음에 들지 않는다면, 이를 자신이 받지 않고 다른 플레이어에게 줄 수

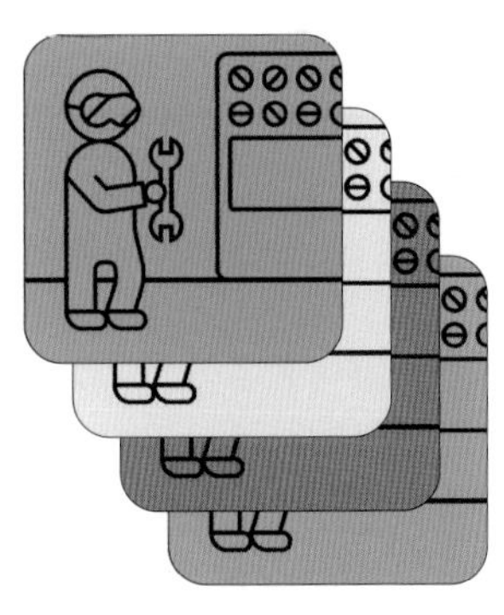

인력토큰. 왼쪽부터 교수, 스태프, 포닥, 대학원생. 교수는 다른 인력.

있습니다. 이때 카드를 받은 다른 플레이어는 다시 다른 플레이어에게 넘길 수 없고, 즉시 효과를 적용받아야 힙니다.
'TOOL' 속성을 가진 개인이벤트카드는 효과를 즉시 적용받는 것이 아니라, 가지고있다가 원할 때 사용할 수 있습니다. 이때는 행동(액션)을 소모하지 않습니다. 곧바로 사용하지 않는다면, 플레이어는 자기 앞에 다른 플레이어들도 볼 수 있도록 내려놓습니다. TOOL 속성을 가진 개인이벤트카드도 다른 플레이어에게 넘길 수 있습니다.

- **기본:** 즉시 모두에게 공개하고 효과를 적용받거나, 다른 플레이어에게 넘깁니다.
- **장비(TOOL):** 즉시 공개한 후 개인보드 옆에 앞면으로 보관합니다. 게임 중 자기 차례가 오면, 사용하고 싶은 때에 액션 소모 없이 사용할 수 있습니다.

개인이벤트카드 각각에 대한 자세한 내용은 58쪽을 참고하세요.

4. 아이디어 카드 한 장 뽑기

아이디어카드를 한 장 뽑습니다. 아이디어카드는 다른 플레이어가 보지 못하도록 합니다.

손에 들고 있을 수 있는 아이디어카드의 최대 숫자는, 현재 자신의 개인보드에 있는 교수의 숫자와 같습니다.

5. 연구계획서 제안하기

아이디어카드의 '제안 조건'이 갖추어졌을 때 '연구계획서 제안'을 할 수 있습니다. 어려운 난이도를 즐기기 위해 전체이벤트카드에 '연구계획서 제안시기' 카드를 포함시켰다면, '연구계획서 제안시기'가 나왔을 때만 연구계획서를 제안할 수 있습니다. 아래 카드를 보세요. '제안 조건'이 '실험숙련도 1, 프로그래밍 2'입니다. 즉, 각자의 개인보드(연구실)에 '실험숙련도' 1칸 이상, '프로그래밍' 2칸 이상 인력(교수라면 한 명, 다른 종류의 인력이라면 두 명)이 고용되어 있어야 합니다.

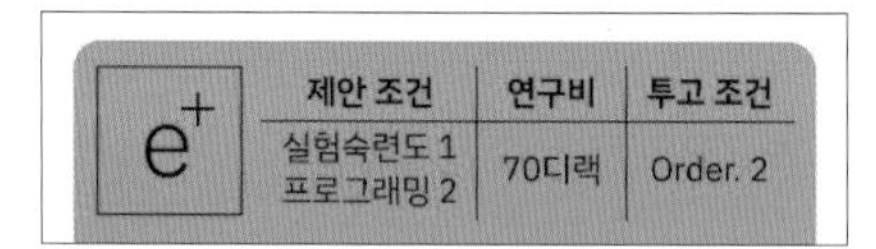

연구계획서를 제안할 때 연구비를 받습니다. 위 카드의 경우 70디랙입니다. 연구계획서를 제안할 때는 카드를 가로로 긴 방향으로 하여 내려놓으면 됩니다(카드의 '연구계획서 제안' 텍스트가 똑바로 보이는 방향).

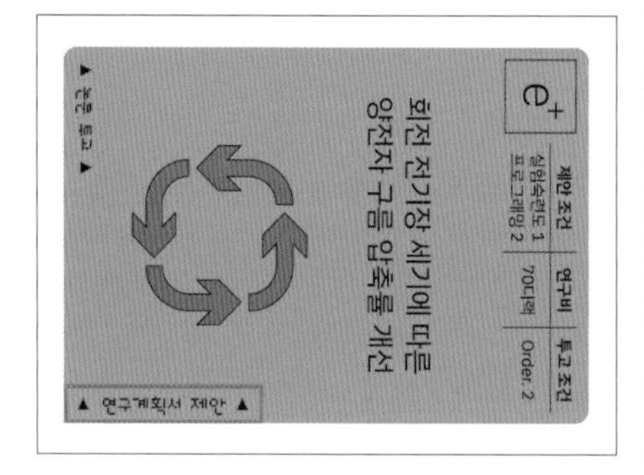

이미 게재에 성공한 논문이 있다면, 그 논문과 그림이 같은 아이디어카드를 제안할 때는 행동(액션)을 소모하지 않습니다.

연구계획서 제안과 논문 투고에 대한 더 자세한 내용은 64쪽을 참고하세요.

6. 실험 하기

어떤 실험을 할지 선언하고, 실험을 합니다. 실험 종류에 따라 룰렛과 주사위를 사용하여 실험에 성공했는지 알아봅시다. 아이디어카드로 연구계획서를 제안하지 않았어도 실험은 가능합니다.
실험은 장비가 모두 갖추어졌을 때만 할 수 있습니다. 장비는 언제라도 살 수 있으나, 실험은 다음 조건이 갖추어져야 합니다.

- **양전자(e+) 생성 실험:** 자기 차례라면 언제라도 할 수 있습니다.
- **반양성자(p bar) 생성 실험:** 자기가 선 마커를 가지고 있을 때만 실험을 할 수 있습니다(가속기는 모든 연구팀들이 함께 사용하기 때문에 아무 때나 사용할 수는 없으니까요!).
- **반물질(반수소, H bar) 생성 실험:** 자기가 선 마커를 가지고 있고, 위의 두 실험(양전자 실험과 반양성자 실험)의 오더가 각 1이상일때만 가능합니다(양전자와 반양성자가 합쳐서 반물질(반수소)가 만들어지기 때문입니다!).

이번라운드의 빔을 가지는(선마커를 가지는) 선이 빔을 사용하지 않았다면 돈을 받고 '대여'할 수 있습니다. 한 라운드에 빔을 사용 할 수 있는 사람은 오직 한 명이기때문에 상황에 따라 가격 협상을 할 수 있습니다. 대여에 자체에는 액션을 소모하지 않고, 선의 차례가 종료된 후라도 가능합니다. 단, 여러 명이 나누어 쓸 수는 없습니다.

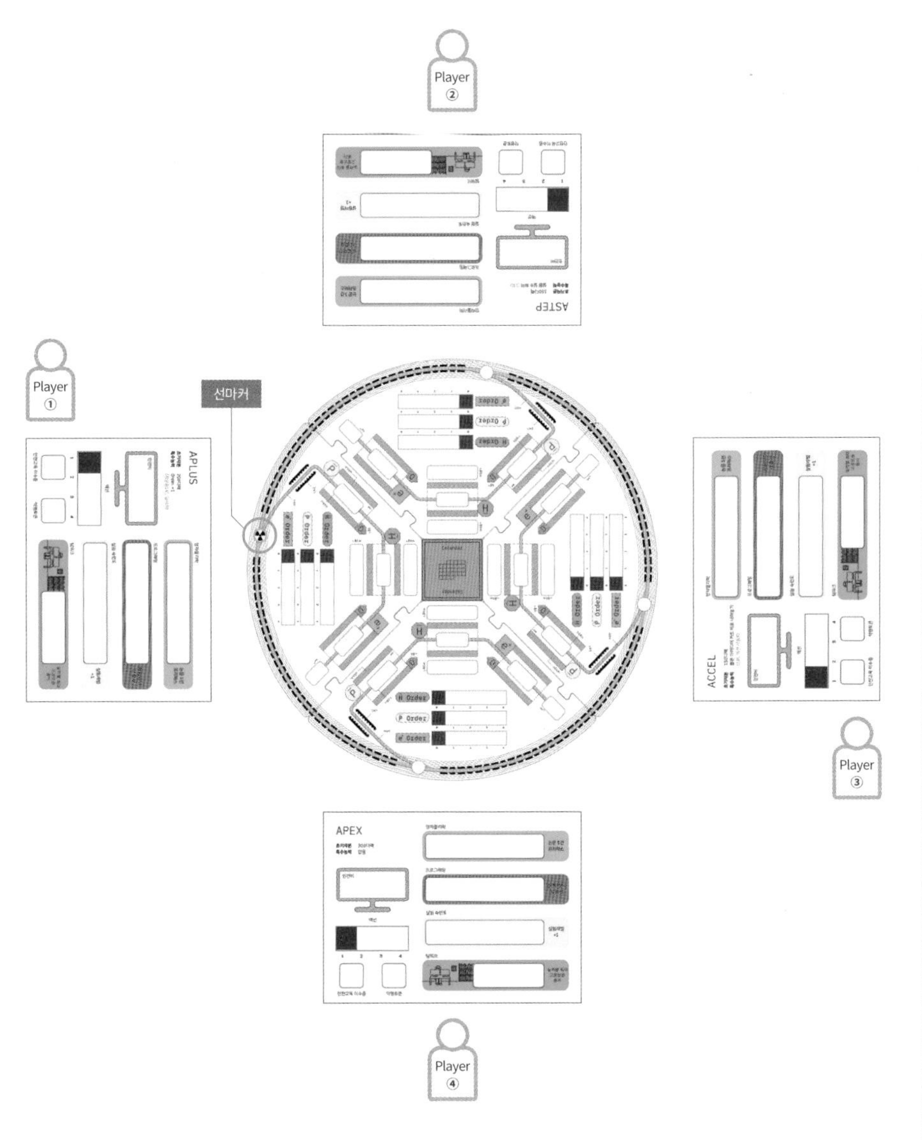

위의 예시를 보세요. 반양성자 생성 실험, 반수소 생성 실험을 할 수 있는 사람은 현재 선마커를 가진(즉, 이번 라운드 첫 턴에 행동을 하는) 1번 플레이어 뿐입니다.

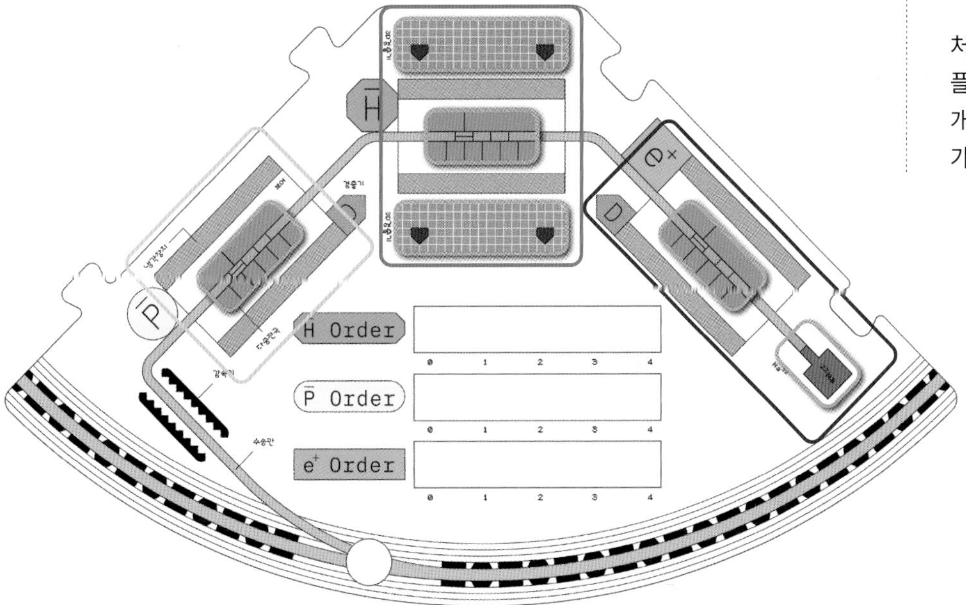

실험 방법은 다음과 같습니다.

- **양전자(e+) 생성 실험, 반양성자 생성 실험:** 룰렛을 돌립니다. 결과와 일치하는 실험결과카드(최적화, 실수, 고장 중 하나)에서 한 장을 뽑습니다. 실험결과카드에서 나온 order만큼 전체보드의 빨간색 마커를 움직여 order를 표시합니다.

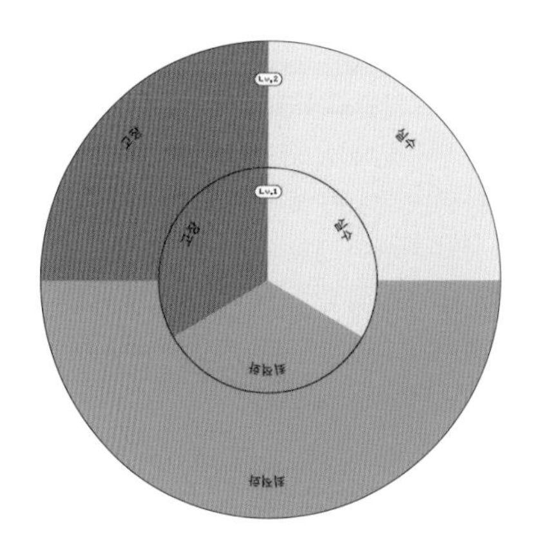

룰렛의 안쪽은 실험레벨이 Lv.1일 때, 바깥쪽은 Lv.2일 때 사용합니다. Lv.2일 때 실험에 성공할 확률이 높습니다.

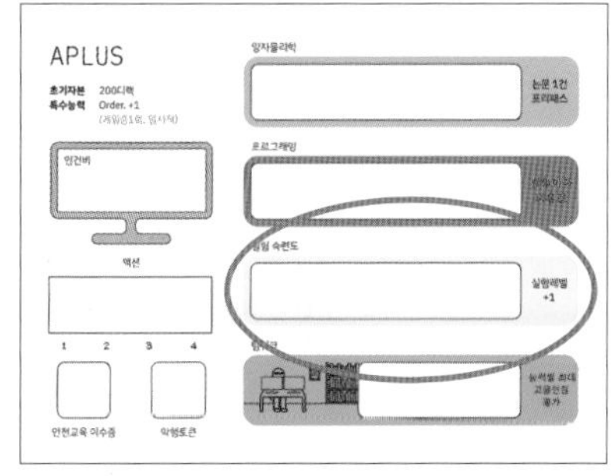

처음 게임을 시작했을 때는 모든 플레이어의 실험레벨이 Lv.1입니다. 개인보드의 '실험숙련도' 칸에 인력을 가득 채우면 Lv.2가 됩니다.

실험결과카드. 뒤집으면 이 실험의 결과로 나온 order가 지시되어 있습니다. 룰렛에 나온 결과에 따라 '성공', '실수', '고장' 카드 중 해당하는 실험결과카드를 한 장 뽑아 확인합니다. 카드 내용에 따라 'order'를 움직입니다. 'order'는 발생된 양전자 혹은 반양성자의 양이라고 생각하면 됩니다. 뽑은 실험결과카드는 카드 더미에 다시 되돌려 넣고 잘 섞습니다.
order는 한번의 실험에서 만들어 낼 수 있는 반물질의 양(규모)을 의미합니다. 반물질을 장시간 보관하는 것은 다른 고도의 기술이 필요하기 때문에, 현실에서는 매 실험마다 반물질을 새로 만들어냅니다.

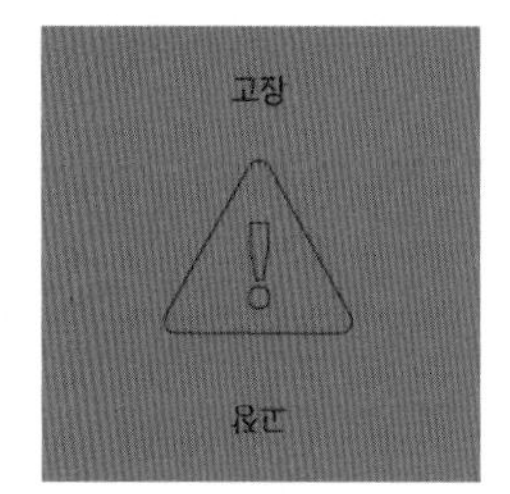

고장이라면 고장 마커를 해당기기에 올려둡니다.

- **반물질(반수소, H bar) 생성 실험:** e+(양전자)의 order만큼 파란색 주사위를, p bar(반수소)의 order만큼 노란색 주사위를 집어 동시에 굴립니다. 다른 색깔의 주사위에서 같은 수 한 쌍이 나온 만큼 H bar의 order를 올립니다(한 쌍이 나왔으면 order는 +1). 이 order는 한 번의 실험으로 합성할 수 있는 반수소의 양입니다. 양전자와 반양성자를 많이 만들수록(order가 높을수록) 반수소 발생 확률은 올라갑니다.

7. 고장난 장비 수리

액션을 사용하여 고장마커를 하나 지웁니다.
이벤트카드나 실험 룰렛 결과에 따라, 장비가 고장날 수 있습니다. 이럴 때는 실험 설비 위에 고장 마커를 올립니다. 고장난 설비는 액션을 하나 소모하여 고치고, 고장 마커를 없앨 수 있습니다. 하지만 고장 마커가 올라가 있는 한(즉 수리하지 않는 한), 이 설비로 하는 실험은 실시할 수 없습니다.

8. 논문 투고하기

투고 조건에 맞는 아이디어카드를 세로로 세워 논문을 투고합니다. 결과는 다음라운드의 내 차례를 시작할 때 확인합니다
- **조건:** 제안된 아이디어카드의 투고조건에 맞는 실험 결과가 필요합니다. 아래의 예시의 카드는 양전자의 order가 2 이상일 때만 투고할 수 있습니다.

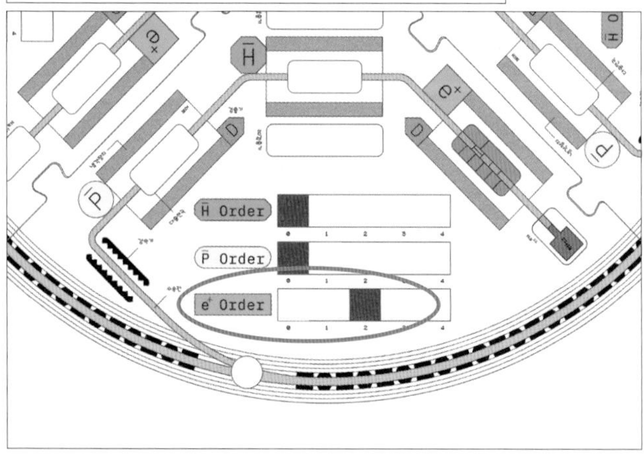

라운드 종료

다음 라운드 준비

4명이 모두 자기 차례의 행동을 하면 다음 라운드가 되어, '라운드 준비' 단계로 다시 돌아가 다음 라운드를 시작합니다.

인건비 지출

각 플레이어는 자신의 개인보드르 보고 인건비를 합산하여 지출합니다. 교수는 10디랙, 대학원생은 0디랙, 다른 인력은 5디랙입니다.
해고는 내 차례든 아니든 어느때든 가능합니다.
앞선 라운드에 뒤집혀져 있던 전체이벤트카드는 한쪽에 잘 모아둡니다. 전체이벤트카드가 모두 사용되어 한 장도 남아있지 않다면, 사용된 전체이벤트카드들을 잘 섞어서 다시 사용합니다.

'라운드 준비' 단계로 돌아가 다음 라운드 진행

'선 마커'를 왼쪽 사람에게 넘긴 뒤 다음 라운드를 시작합니다. 선마커를 받은 사람이 이번 라운드에서 첫 턴에 플레이합니다.

게임 종료, 누가 승리했을까요?

먼저 세 종류(e+,p-,H-)의 논문 을 모두 게재한 플레이어가 우승하며, 우승자 발생시 게임이 종료됩니다.

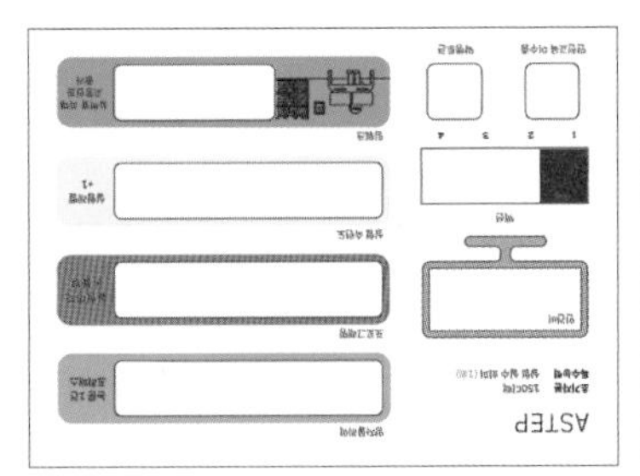

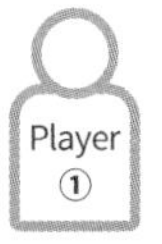

앞선 라운드에서 두 번째 턴이었던 사람이, 이번 라운드에서는 선마커를 받아 첫 턴에 플레이합니다.

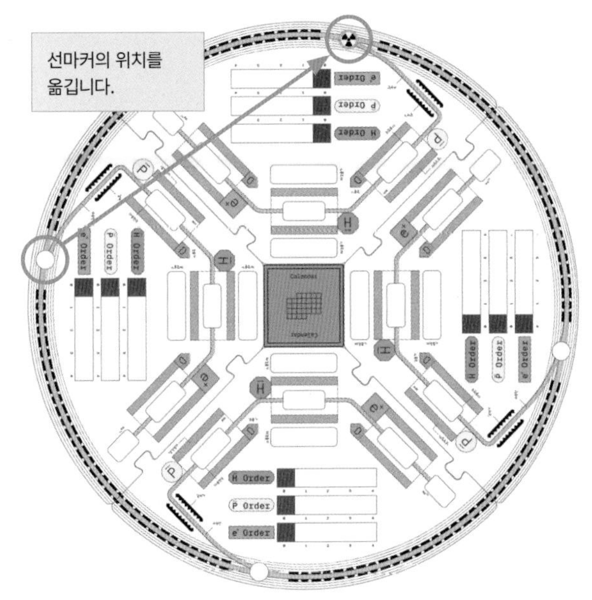

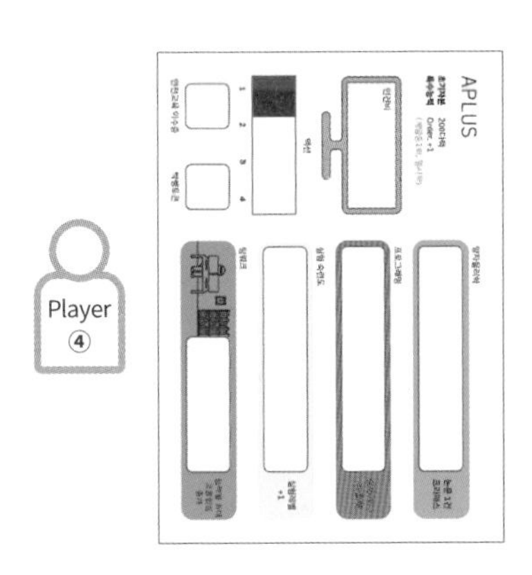

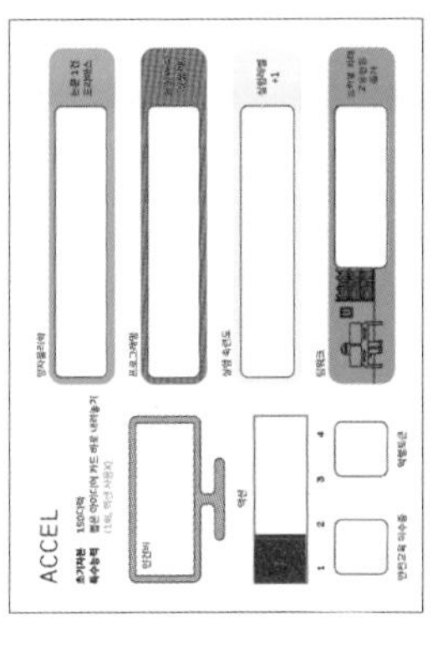

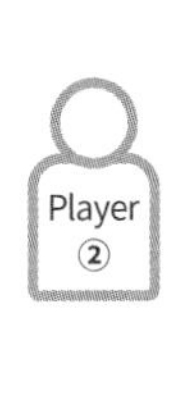

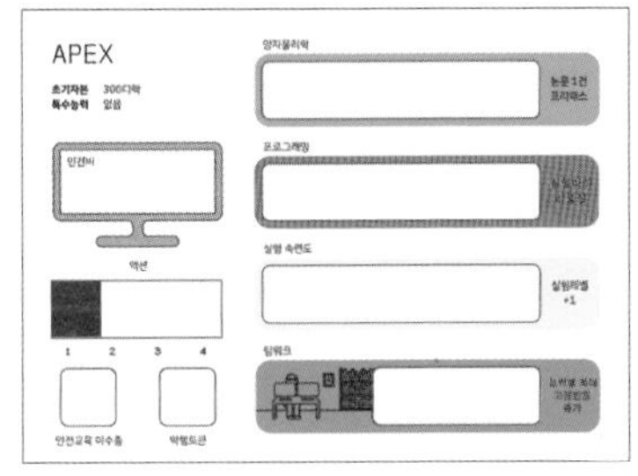

전체보드와 개인보드

각자의 연구실 공간인 전체보드와 개인보드를 알아보자

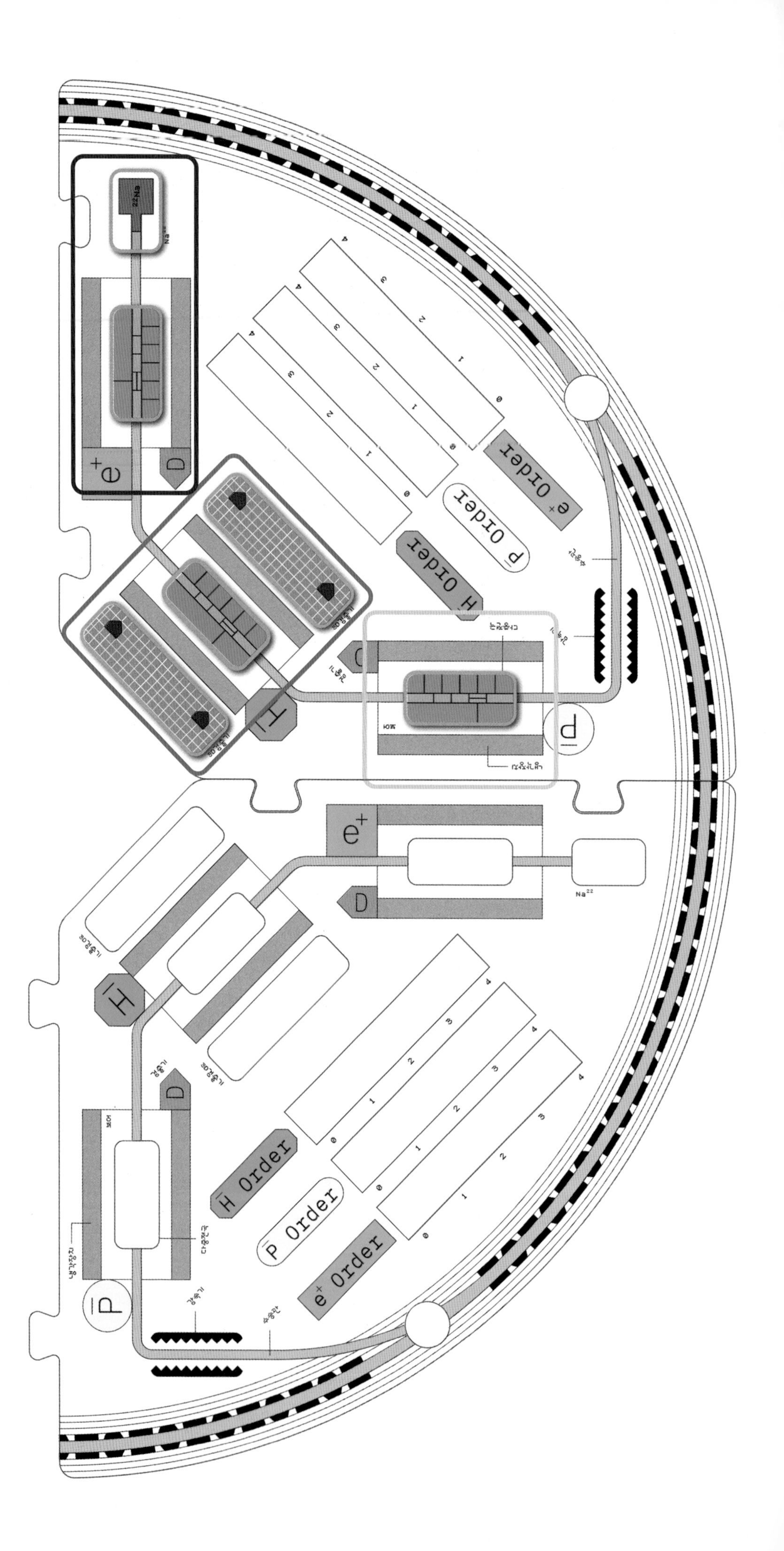

전체보드

사분원 모양의 '전체보드'가 4장 포함되어 있습니다. 이 전체보드 4장을 이어서 둥근 '반양성자 감소기'를 만듭니다. 노란색 원은 가속기에서 가속된 입자가 지나가는 길입니다. 이 입자가속기에서 가속된 입자는 갈라져 나와 '감속기'로 들어갑니다. 둥근 구멍이 뚫린 곳은 '선마커'가 끼워지는 곳입니다. 여기서부터는 각 플레이어가 각자 자신의 연구에 사용하는 설비입니다. 감속기에서 갈라져나오자마자 만나는 설비는 반양성자를 발생시키는 장치입니다(P바). 이곳에 다중전극을 끼우면 반양성자 발생 실험을 할 수 있습니다.
나트륨 동위원소(Na22)에서는 양전자가 튀어나옵니다. 이곳에 Na과 다중전극 토큰을 끼우면 양전자 발생 실험을 할 수 있습니다. 가속기에서 갈라져 나온 것이 아니라서, '빔타임(선마커를 가졌을 때)'와 상관 없이 양전자 실험을 할 수 있습니다.
반양성자와 양전자를 합치면 반물질(여기서는 반수소)를 만들 수 있습니다. 가운데에 있는 실험설비에서 다중전극과 검출기 1쌍을 끼우면 반수소 발생 실험을 할 수 있습니다.
동그란 구멍은 노란색 선마커를 끼우는 곳입니다. 매 라운드마다 오른쪽 방향으로 한 칸 옮기며 돌아갑니다. 감속기는 워낙 거대한 설비이므로, 모든 연구자가 원하는 때 마음대로 사용할 수 없고, 사용할 수 있는 시기에만 이용할 수 있습니다. 이 노란색 선마커를 가진 사람은 그 라운드에 맨 처음 차례(턴)을 시작할 뿐만 아니라, 감속기를 사용할 권리가 있는 사람입니다. 선마커를 가지고 있을 때만 반양성자 발생 실험, 반수소 발생 실험을 할 수 있습니다.
양전자 발생 실험은 언제라도 실시할 수 있습니다.
이 권리를 사용하지 않는다면, 가격 협상을 하여 다른 플레이어에게 팔 수도 있습니다.
'order' 칸은 각 실험에서 발생된 반수소, 반양성자, 양전자의 양을 나타냅니다. 각각의 실험을 한 뒤, 뽑은 실험결과카드에 나와있는 숫자만큼 order를 올립니다.
실험을 하려면 각각의 실험장비를 구매해 넣어야 합니다. 그 뒤에야 관련 연구를 할 수 있습니다.

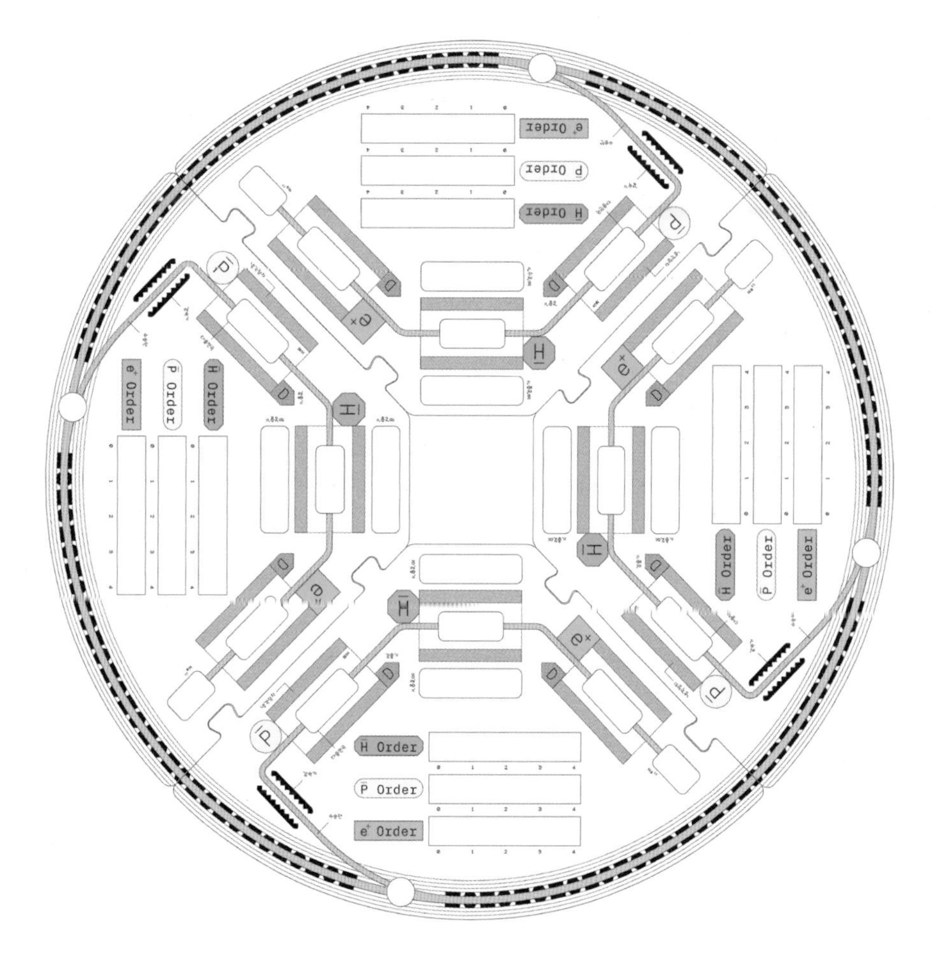

전체보드는 반양성자 감속기 중에서 각 연구실에서 쓸 수 있도록 할당해 준 공간입니다. 그리고 개인보드는 플레이어 각자가 이끄는 연구실을 나타냅니다. 전체보드에서는 실험을 실시하고, 개인보드에서는 연구인력과 연구능력을 관리합니다.

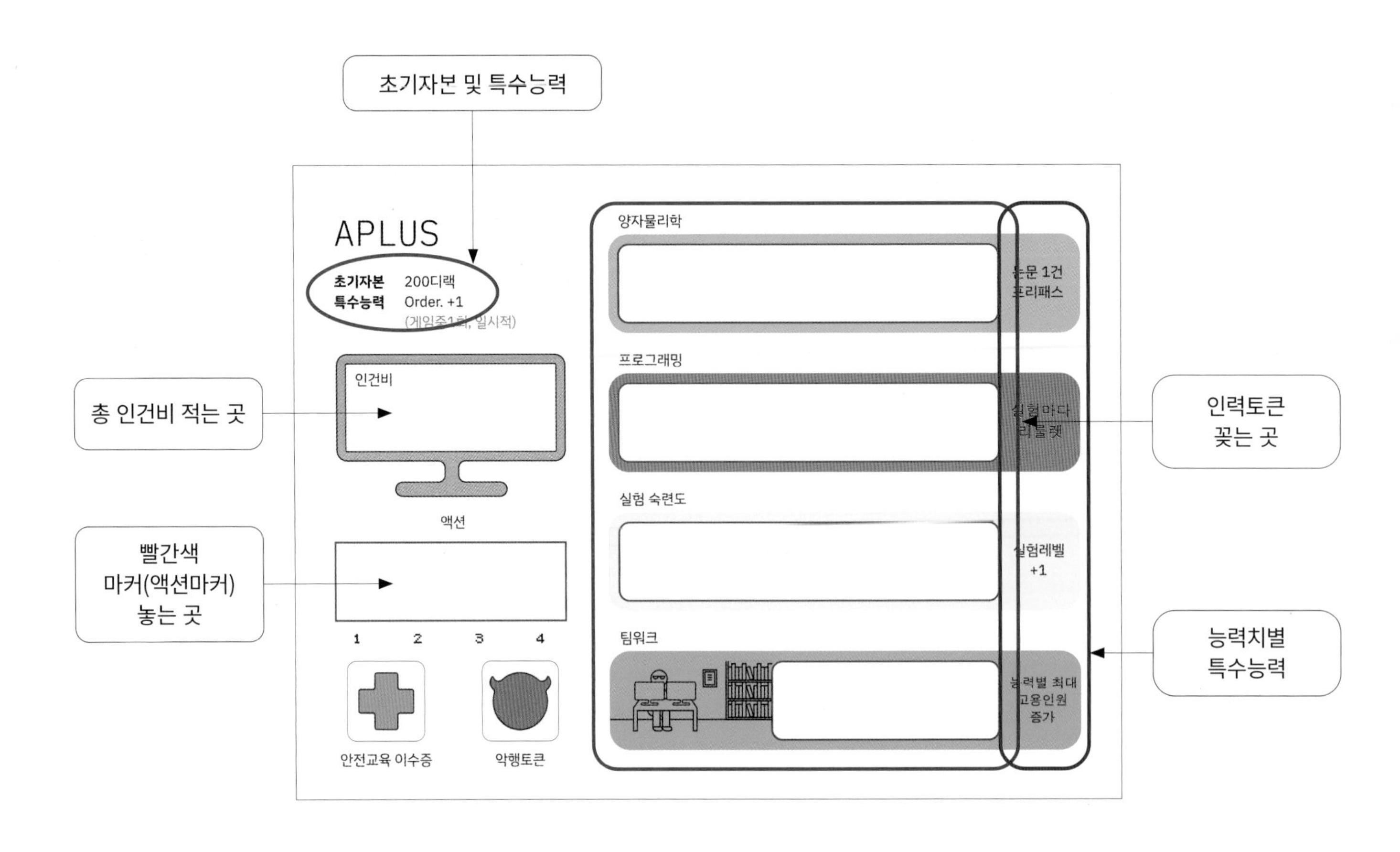

개인보드

'개인보드'는 각 플레이어가 이끄는 연구실을 나타냅니다. 이곳에는 고용한 연구인력(인력토큰)을 끼울 수 있는 칸인 능력치칸이 있습니다.

초기자본: 처음 게임을 시작할 때 받는 돈입니다. 팀마다 각기 다른 금액이 적혀 있습니다.

특수능력: 다른 팀과 다른, 이 팀만의 특별한 능력입니다.

인건비: 현재의 인건비 총 합을 적는 칸입니다. 보드마커로 적었다가 고쳐 쓸 수 있습니다. 교수는 10디랙, 대학원생은 0디랙, 나머지 인력은 5디랙입니다.

액션: 자기 차례(턴)에는 모두 4개의 액션(행동)을 할 수 있습니다. 액션을 한 번 한 뒤에는, 자기가 몇 개까지 행동을 했는지를 빨간색 마커로 표시합니다.

능력치칸: 이 곳에 인력토큰을 끼웁니다. 인력의 수는 내 실험실의 '양자물리학(입자물리학)', '프로그래밍', '실험 숙련도', '팀워크' 능력치가 됩니다.

각 능력치칸에는 같은 색깔의 인력만을 끼울 수 있습니다. 이곳에 몇 칸까지 찼는지를 가리켜 '스탯'이라고 합니다. 각 능력치에는 그 능력치가 가득 찼을 때 생기는 특수한 효과가 있습니다. 한번 가득 채웠더라도, 이벤트카드의 효과로 인원이 줄어들면 효과는 사라집니다. 1번밖에 쓸 수 없는 특수능력은 이렇게 인원이 줄었다가 다시 늘었더라도 두 번 생기지는 않습니다.

논문 1건 프리패스: 양자물리학(입자물리학)칸에 인력을 가득 채우면, 1건의 논문을 주사위 굴림 없이 곧바로 게재할 수 있습니다. 단, 이 능력은 논문을 학술지에 제출한 후, 다음 라운드 자기 차례 시작할 때 사용합니다(보통은 이 때 게재 여부를 주사위 굴림하기 때문입니다).

실험마다 리룰렛: '프로그래밍' 능력치가 가득 차면, 룰렛을 돌리는 실험에서 매번 실험할 때마다 룰렛을 한 번 더 돌릴 수 있습니다.

실험레벨 +1: '실험 숙련도'가 가득 차면, 룰렛의 바깥쪽 '실험레벨 2'를 사용합니다. 성공 확률이 더 높습니다.

능력별 최대 고용인원 증가: '팀워크' 칸의 경우, 모두 채울 때 나타나는 효과가 아닙니다. 위의 양자물리학, 프로그래밍, 실험숙련도 칸의 인원은 팀워크 칸의 인원보다 많을 수 없습니다. 다른 칸의 인원을 늘리고 싶다면, 먼저 '팀워크' 칸의 인원부터 늘리세요. 이벤트카드의 효과로 '팀워크' 칸이 줄었을 때, 다른 칸의 인원까지 없앨 필요는 없습니다. 다만 자기 턴이 돌아왔을 때 제일 먼저 채워야 합니다.

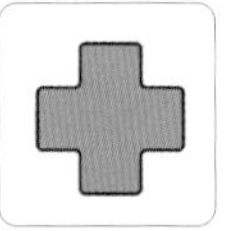

안전교육 이수증

'안전교육 수료증'이라고도 합니다. 이 토큰은 개인이벤트카드를 통해 채울 수 있습니다. 개인이벤트카드에서는 각종 안전사고가 발생하는데, 이를 영구적으로 방지할 수 있습니다.

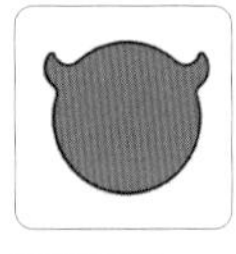

악행토큰

개인이벤트카드에서 '하드 워크' 카드를 받으면 악행토큰을 끼울 수 있습니다. '하드 워크' 카드는지옥같은 헬 랩이 되고 원하는 order를 영구적으로 1 올릴 수 있지만, 종종 부정적인 효과를 받습니다. 개인이벤트카드는 남에게 줄 수도 있기 때문에, 자신이 받을지 남에게 줄지 잘 결정해야 합니다.

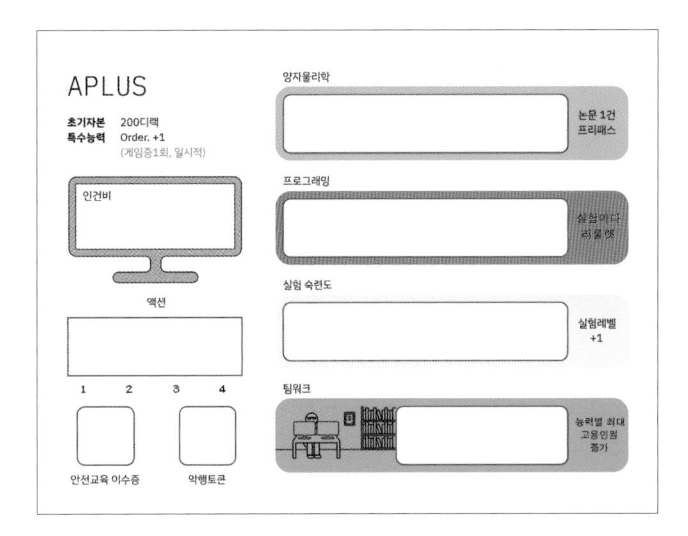

APLUS : “인생은 운빨! 실험의 금손!”

APLUS 팀은 운이 좋은 팀입니다. 실험 결과가 조금 부족할 때, 이 운이 도와줍니다. 물론 운빨이 영원하지는 않겠지요? 결정적인 순간에 운을 내 편으로 만드세요.

초기자본: 200디랙. 약간 많은 편입니다.

특수능력: Order+1(게임 중 1회, 일시적)

게임 중 언제라도, 원하는 order를 1 올릴 수 있습니다. 이 능력은 게임 중 단 한 번만 쓸 수 있고, 한번 쓴 다음에는 다시 order를 원래대로 돌려놓아야 합니다. 논문 투고조건에서 order가 1 모자랄 때나, 반물질 생성 실험에서 주사위를 하나 더 쓰고 싶을 때 사용하면 좋습니다.

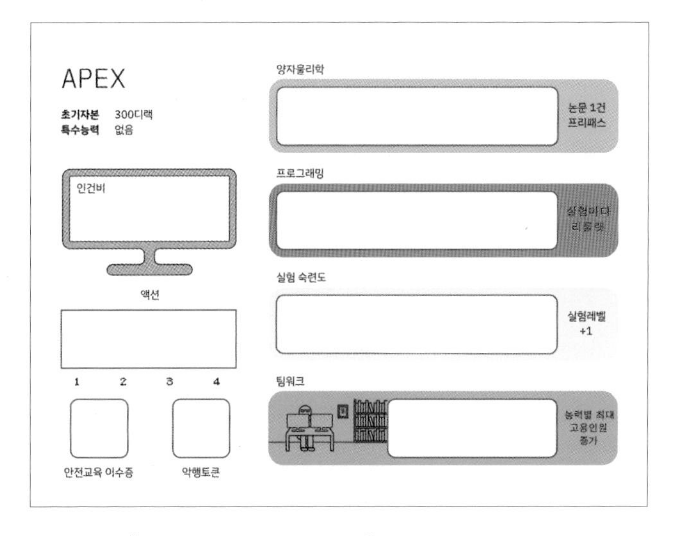

APEX : “돈이 곧 특수능력!!”

특수능력이 다 무슨 소용인가요? APEX 팀은 처음부터 돈이 많은 팀입니다. 그것 하나면 충분하지 않아요?

초기자본: 300디랙으로, 가장 많습니다. ACCEL이나 ASTEP 팀보다 두 배나 많습니다.

특수능력: 없습니다.

APEX 팀은 특수능력이 없는 대신 초기자본이 가장 많습니다. 이 많은 자금을 효율적으로 쓰는 것이 중요합니다. 초반부터 적극적으로 플레이하며 앞서 나갑시다.

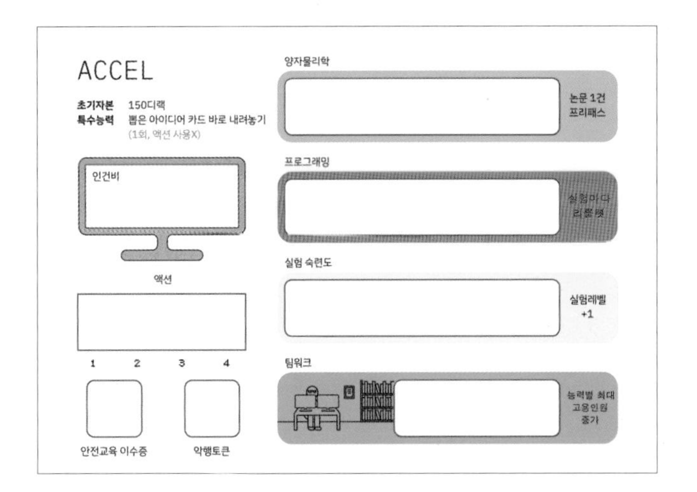

ACCEL : “아이디어가 넘치는 연구실”

ACCEL 팀은 제안시기가 아닐 때 남들보다 먼저 아이디어를 카드를 내려놓아 앞서갈 수 있습니다.

초기자본: 150디랙으로 적은 편입니다.

특수능력: 뽑은 아이디어 카드 바로 내려놓기(1회, 액션사용X)

게임 중 단 한 번, 행동(액션)을 소모하지 않고 아이디어카드를 바로 내려놓을 수 있습니다. 게임을 어렵게 플레이하기 위해 ‘연구계획서 제안시기’ 카드를 전체이벤트카드에 포함시켜 게임을 할 때 더욱 강력한 특수능력입니다. 이때는 아이디어가 많아도 ‘연구계획서 제안시기’가 오지 않으면 아이디어카드를 내려놓을 수가 없기 때문입니다.

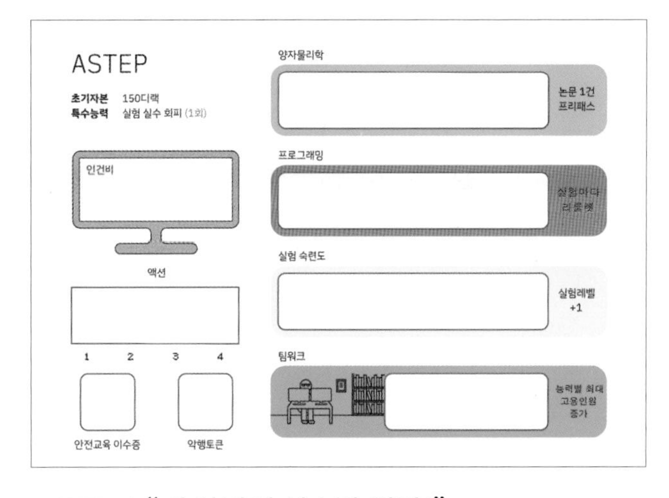

ASTEP : “내 사전에 실수란 없다!”

ASTEP 팀은 실험을 잘 하는 연구실입니다. 실수를 하더라도 이를 회피할 수 있는 기회가 있습니다. 결정적인 순간에 이 능력을 사용해 앞서나가도록 합시다.

초기자본: 150디랙으로 적은 편입니다.

특수능력: 실험 실수 회피(1회)

게임 중 단 한 번, 룰렛을 돌린 결과가 ‘실수’일 때 이를 취소하고 실험을 성공시킬 수 있습니다. 일단 룰렛을 돌리고 난 뒤 결과가 ‘실수’일 때 이 능력을 사용할 수 있습니다. 하지만 게임 중 단 한 번만 사용할 수 있으므로, 남들보다 앞서고 있을 때는 굳이 사용하지 말고 효과적인 때를 노리는 것도 좋습니다.

이벤트 카드 완전정리

전체, 개인, 빌런이벤트카드를 알아보자

이벤트카드는 플레이어 전체 혹은 한 명에게 적용되는 여러 가지 상황을 줍니다.
어떤 효과는 플레이어에게 유리하지만, 어떤 효과는 불리합니다!
어떤 이벤트카드들이 있는지 잘 알아두어 게임에 승리하도록 합니다.

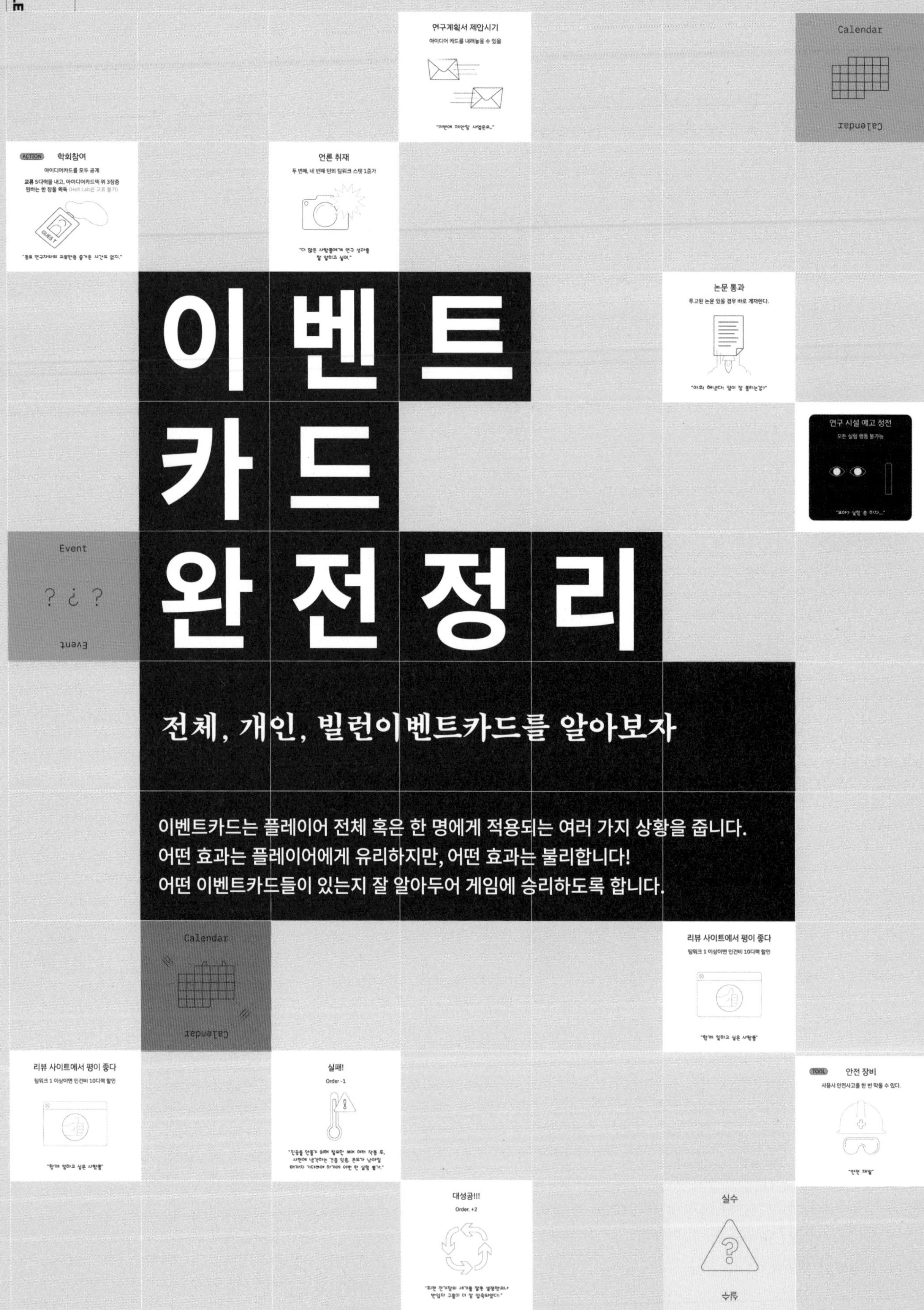

전체이벤트카드

전체이벤트카드는 모든 플레이어에게 적용되는 상황을 제시합니다. 매 라운드를 시작할 때, 전체이벤트카드 더미에서 맨 위의 한 장을 뒤집습니다. 이때 나온 카드의 효과는 그 라운드가 진행되는 동안 모든 플레이어에게 적용됩니다.

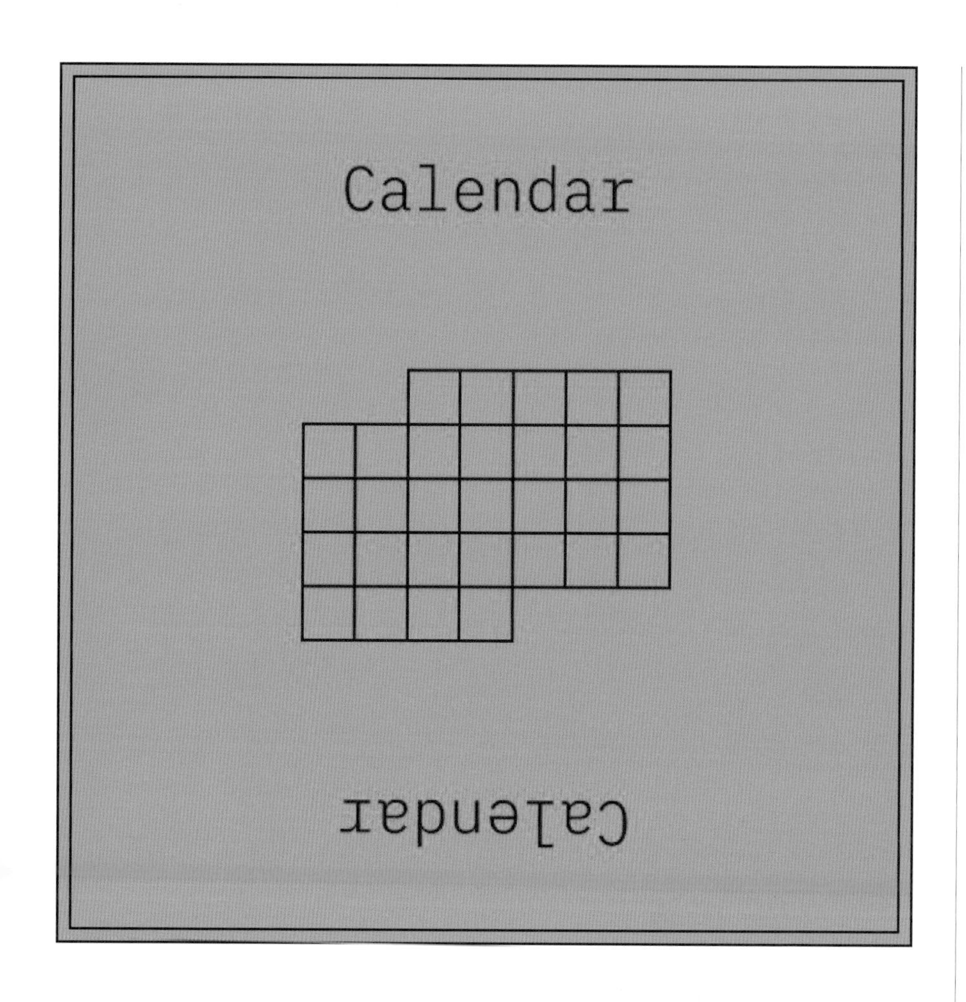

'연구계획서 제안시기' 카드

이 게임을 처음 하는 분들은 '연구계획서 제안시기' 카드를 전체이벤트카드 더미에서 모두 제외하고 게임을 시작하도록 합시다. 더 어려운 난이도로 게임을 하고 싶은 분들은 '연구계획서 제안시기' 카드를 전체이벤트카드 더미에 섞어서 플레이하면 됩니다.

'ACTION' 속성

'ACTION' 속성이 붙은 카드는 카드의 왼쪽 위에 아래와 같은 마크가 붙어있습니다. 액션(행동) 하나를 소모하여 특정한 행동을 합니다.

스탯을 늘려주는 카드가 나오면

이벤트카드 중에는 스탯을 늘리거나 줄여주는 카드가 있습니다. '스탯'이란 개인보드의 인력 칸의 인력이 얼마나 차 있는지를 말합니다(교수는 2로 계산합니다). 스탯을 늘릴 때는 아래 토큰을 사용합니다. 이 2종의 토큰들은 그림은 다르나 의미는 같습니다. 인력과 달리 인건비가 들지 않고, 스탯을 +1 해 줍니다.

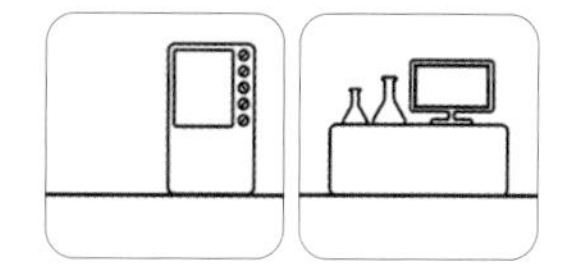

카드 상세 설명

이름 연구계획서 제안시기
수량 14장
효과 아이디어카드를 내려놓을 수 있음. 이 라운드에 연구계획서 제안이 가능합니다.
설명 연구계획서를 제안할 수 있는 시기가 왔습니다. 가능한 많은 아이디어를 제안하여 연구비를 두둑이 확보하도록 합시다. 쉬운 난이도로 게임을 하려면 이 카드는 모두 빼고 게임을 시작합니다. 게임을 더 어렵게 플레이하고 싶을 때 이 카드를 넣고 게임을 하면 됩니다. 이 카드를 넣고 게임을 할 때는, 이 카드가 나온 라운드에만 연구계획서를 제안할 수 있습니다. 이 카드를 빼고 게임을 할 때는 언제라도 연구계획서를 제안할 수 있습니다. 연구비는 제안하는 것만으로도 받을 수 있지만, 제안된 아이디어카드를 모두 논문으로 게재해야 할 의무는 없습니다. 연구비가 부족하여 파산할 것 같다면, 빨리 연구계획서를 제안하세요! 연구계획서를 제안하는 방법은 '아이디어카드'의 사용법을 참고하세요.

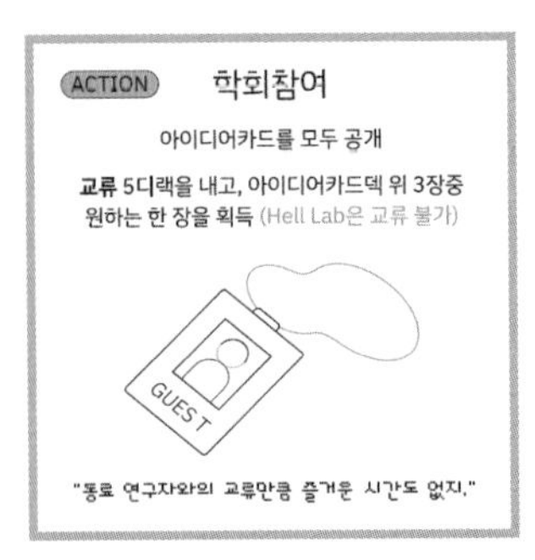

이름 학회참여
수량 5장
효과 아이디어카드를 모두 공개합니다. '교류'를 할 수 있습니다.
교류 5디랙을 내고 이이디이 기드덱 위 3장 중 원하는 한 장을 획득(Hell Lab은 교류 불가)
속성 ACTION
설명 학회는 학자들이 자신의 연구를 발표하고, 서로의 연구에 대해 교류하며 아이디어를 나누는 자리입니다. 흥미로운 연구나, 현재 진행하고 있는 연구와 관련있는 다른 연구가 있으면 학자들은 공동연구를 진행하기도 합니다.
모든 플레이어는 가진 아이디어카드를 모두 공개합니다. '교류'를 원하는 플레이어는 자신의 차례에 행동(액션) 하나를 소모하여 5디랙을 내고 교류를 실행합니다. 교류를 할 때는 다른 플레이어가 보지 못하도록 아이디어카드 더미에서 맨 위의 3장을 먼저 보고, 한 장을 획득합니다. 획득한 카드 1장만 공개합니다. '교류'를 원하지 않는 플레이어도, 다른 플레이어가 공개한 아이디어카드는 함께 볼 수 있습니다. 버리는 2장의 아이디어카드는 아이디어카드 더미 맨 아래로 넣습니다. 남아있는 아이디어카드가 부족하면, 남은 카드 중에서만 고릅니다.
한 장도 남아있지 않게 된다면, 뒷 순서의 플레이어는 카드를 획득할 수 없습니다. 악행 토큰을 받은 플레이어는 '헬 랩'이라고 불리며, 이 교류에 참여할 수 없습니다.

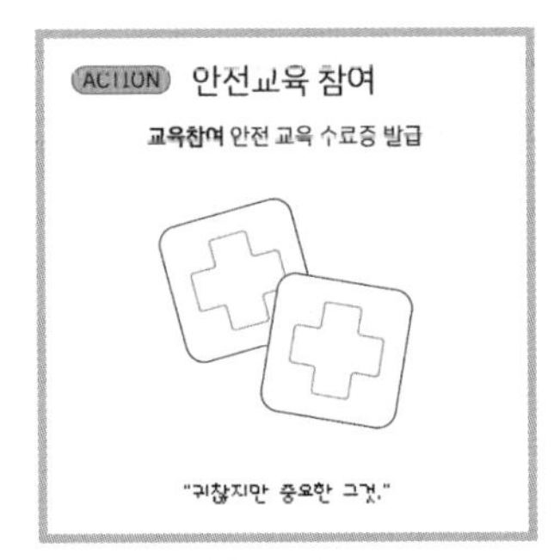

이름 안전교육 참여
수량 1장
속성 ACTION
교육참여 안전 교육 수료증 발급
설명 안전제일! 안전교육에 참여합니다. 자신의 차례에 행동을 소모해 수료증(이수증) 토큰을 개인보드에 끼웁니다. 안전교육 수료증이 있으면 '안전사고 발생', '장비 파손' 카드 등의 효과를 방어합니다. 이 토큰은 한 번 방어해도 없어지지 않고, 계속 유지됩니다.

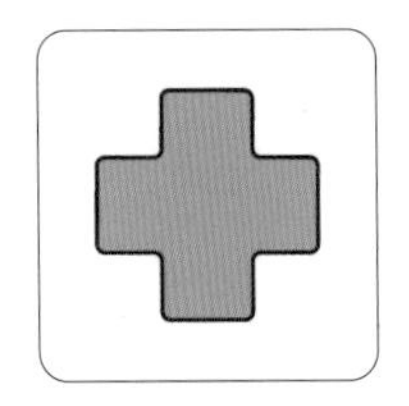

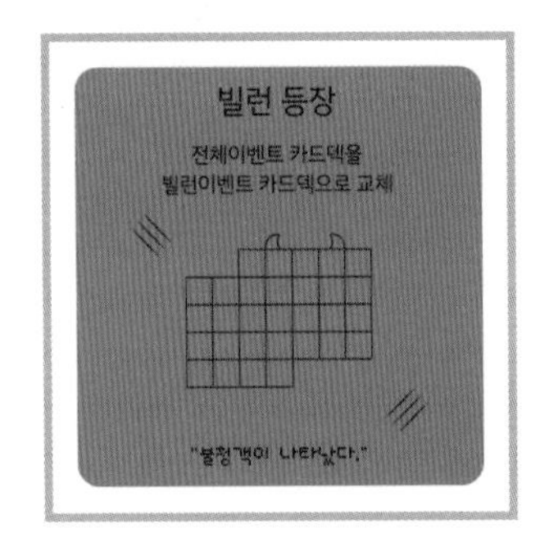

이름 빌런 등장
수량 1장
효과 전체이벤트 카드덱을 빌런이벤트 카드덱으로 교체
설명 전체이벤트카드 더미를, 뒷면이 주황색인 '빌런이벤트 카드' 더미로 교체합니다. 이 빌런이벤트 카드는 원래의 전체이벤트 카드보다 플레이어에게 불리한 상황이 많이 들어있습니다. 한번 빌런이벤트 카드덱으로 교체되면 다시 전체이벤트카드덱으로 교체되지 않기 때문에, 앞으로의 연구는 힘든 가시밭길이 되겠네요!

이름 반물질을 다룬 영화 개봉
수량 1장
효과 진행 중인 사업제안서 하나당 연구비 10디랙 씩 추가 지급
설명 반물질을 다룬 영화 개봉으로, 대중들이 반물질을 더욱 친숙하게 느끼게 되고, 인식도 좋아졌습니다! 대중에게 좋은 이미지로 잘 알려진 분야는 연구비를 타오기도 쉽겠지요? '진행 중인 사업제안서'란, 내려놓은 아이디어 카드 중 학술지에 게재되지 않은 카드를 말합니다. 눕힌 상태, 세운 상태 모두를 포함합니다.

이름 소장 방문
수량 1장
효과 모든 팀의 팀워크 스탯 1증가

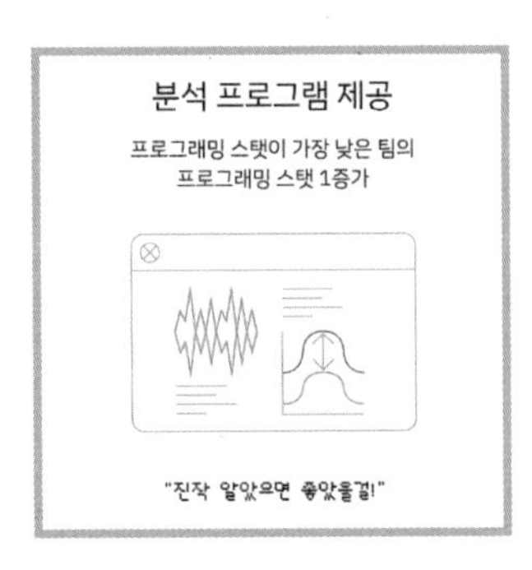

이름 분석 프로그램 제공
수량 1장
효과 프로그래밍 스탯이 가장 낮은 팀의 프로그래밍 스탯 1 증가

이름 특별 초빙 세미나
수량 1장
효과 모든 팀의 양자물리학 스탯 1 증가
(이 게임에서 '양자물리학'은
'원자물리학'과 같습니다)

이름 시민 견학
수량 1장
효과 첫 번째, 세 번째 턴의 팀워크
스탯 1 증가
설명 이번 라운드에서 첫 번째, 세 번째
순서(턴)인 사람만 효과를 받습니다.
팀워크 스탯이 모두 차 있다면 아무런
효과를 받을 수 없습니다.

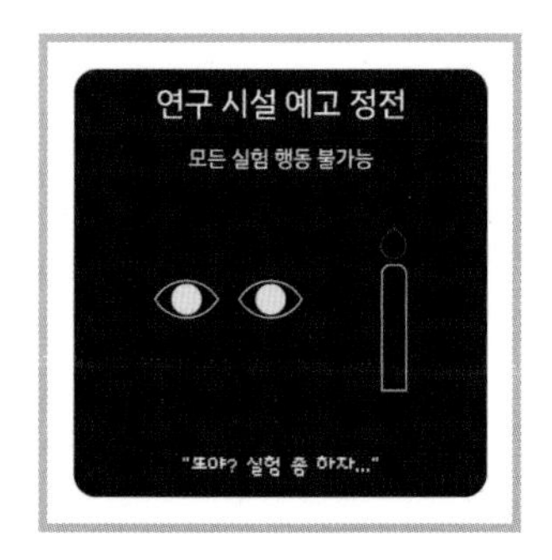

이름 연구시설 예고 정전
수량 2장
효과 모든 실험 행동 불가능
설명 이런 거대한 연구단지에서
정전이라니! 이번 라운드에는 어떤
플레이어도 실험을 할 수 없습니다.

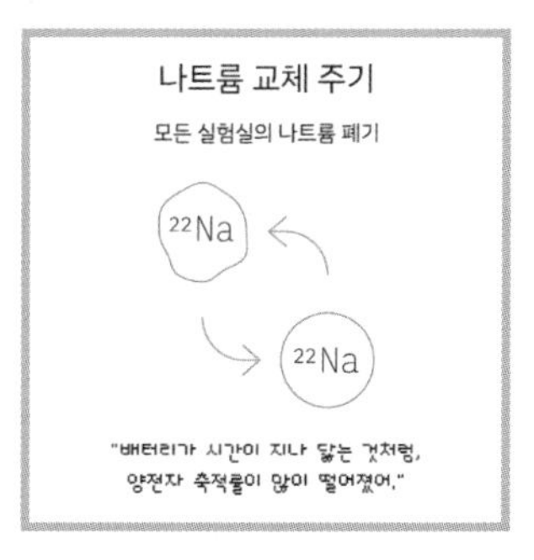

이름 나트륨 교체 주기
수량 1장
효과 모든 실험실의 나트륨 폐기
설명 양전자(e+)를 생성하는 실험에는
나트륨-22가 꼭 필요합니다. 하지만
영구적으로 쓸 수 있는 것은 아닙니다.
교체할 시기가 오면 새것으로
바꾸어주어야 합니다.

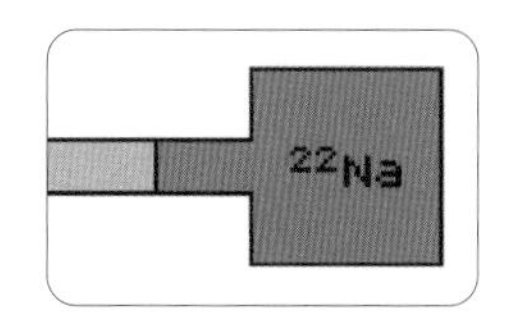

이 카드가 나오면 전체보드에서
모든 나트륨-22 토큰을 제거합니다.
나트륨-22를 구입하지 않은 플레이어는
아무런 행동을 취하지 않습니다. 이후
나트륨-22가 필요한 실험을 하려면
새로 구매해야 합니다. 양전자(e+) 생성
실험을 할 때는 물론, 반수소(H bar) 생성
실험을 하기 위해서도 나트륨-22를 새로
구입해야 합니다. 반양성자(P bar) 실험은
나트륨이 없어도 실시할 수 있습니다.
이미 e+ 실험에 성공한 플레이어의
e+ order는 유지됩니다. 즉, e+실험을
다시 수행해야 할 필요는 없습니다.

이름 명절
수량 2장
효과 모든 팀의 팀워크 스탯 1 증가
설명 팀워크 스탯이 이미 가득 차 있는
플레이어는 아무 액션을 취하지 않고
넘어갑니다.

이름 연구시설 업그레이드
수량 1장
효과 모든 팀의 실험숙련도 스탯 1 증가

이름 언론 취재
수량 1장
효과 두 번째, 네 번째 턴의 팀워크
스탯 1 증가
설명 이번 라운드에서 두 번째, 네 번째
순서(턴)인 사람만 효과를 받습니다.
팀워크 스탯이 모두 차 있다면 아무런
효과를 받을 수 없습니다.

개인이벤트카드

개인이벤트카드는 카드를 받은 한 사람의 플레이어에게만 적용되는 상황을 제시합니다. 각 플레이어는 자기 차례(턴)에 개인이벤트카드를 뽑을 수 있습니다. 카드의 효과가 마음에 들지 않으면, 다른 사람에게 줄 수도 있습니다.

각 플레이어는 자기 차례(턴)에 개인이벤트카드를 뽑을 수 있습니다. 카드를 뽑으면 즉시 공개하고, 효과를 적용받습니다. 다른 플레이어에게 카드를 주어 강제로 적용받게 할 수도 있습니다. 이때 받은 사람은 다시 다른 사람에게 줄 수 없고, 반드시 카드를 받아서 그 효과를 적용받아야 합니다. 뽑을 때는 행동(액션)을 소모하지만, 효과를 적용받는 데에는 행동을 소모하지 않습니다.

카드가 모두 떨어지면

사용한 개인이벤트카드는 따로 모아두었다가, 개인이벤트카드가 모두 떨어지면 사용한 개인이벤트카드들을 잘 섞어서 다시 '개인이벤트카드 더미'로 사용합니다.

스탯을 늘려주는 카드가 나오면

전체이벤트카드처럼, 스탯을 늘리거나 줄여주는 카드가 있습니다. 스탯을 늘릴 때는 전체이벤트카드와 똑같이, 토큰을 이용해 스탯을 늘립니다(55쪽 참고).

'TOOL' 속성 카드

뽑은 개인이벤트카드가 'TOOL' 속성이라면, 카드를 공개한 뒤 가지고 있다가 필요할 때 사용할 수 있습니다. TOOL 속성 카드를 사용할 때 행동(액션)은 소모하지 않습니다.

카드 상세 설명

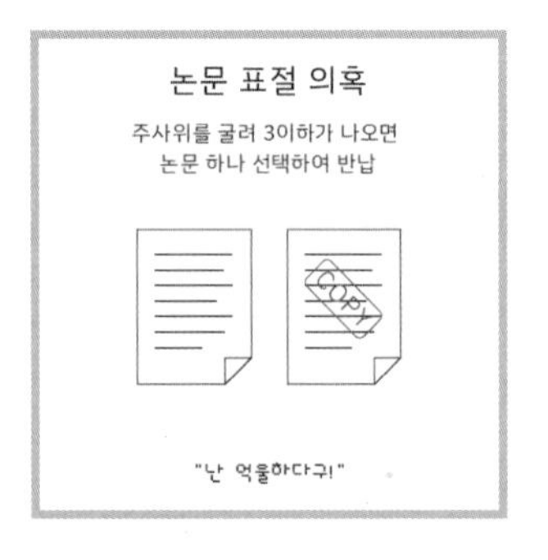

이름 논문 표절 의혹
수량 4장
효과 주사위를 굴려 3이하가 나오면 논문 하나 선택하여 반납
설명 당신의 논문이 표절이라는 의심을 받아, 이미 학술지에 게재된 논문이 철회되었습니다! 억울하다고요? 남의 논문을 인용할 때는 따옴표를 빼먹지 마세요. 카드를 눕혀서 '제안' 상태로 되돌립니다. 게재된 논문이 하나도 없다면 아무런 효과가 없습니다.

이름 리뷰 사이트에서 평이 나쁘다
수량 1장
효과 팀워크 3 이하면 인건비 10디랙 증가
설명 팀워크 칸의 스탯이 3보다 같거나 적으면, 라운드가 끝나고 내는 인건비가 영구적으로 10디랙 증가합니다. 개인보드의 인건비 란에 10디랙 더해 적어두세요.

이름 실험도구 분실
수량 1장
효과 -10 디랙
설명 즉시 10디랙을 지불합니다.

이름 교외 회식으로 연구원 사기 충전
수량 1장
효과 실험숙련도, 팀워크 스탯이 각 1씩 증가(Hell Lab은 사기 저하 아무 Order –1)
설명 연구실의 과학자들도 다른 직장인처럼 회식을 합니다. 오늘은 모처럼 맛집을 찾아 교외로 나가기로 했습니다. 연구원들의 사기가 올랐네요. 실험숙련도와 팀워크를 각각 1씩 올립니다. 네? 당신의 연구실이 지옥같은 헬 랩이라고요? 그렇다면 다들 회식에 참가하고 싶지 않은데 억지로 가고 있겠군요. 악행토큰을 받았다면 실험숙련도와 팀워크를 올릴 수 없고, order를 하나 골라 1 내립니다. Order가 하나도 올라가 있지 않다면, 악행토큰을 받은 플레이어에게 아무 효과가 없습니다.

이름 안전사고 발생
수량 1장
효과 스탭 한 명 해고
(안전장비, 수료증으로 예방 가능,
Hell Lab은 스텝 두 명 해고)
설명 안전사고가 발생해서 구성원 한 명이 크게 다쳤다고 합니다! 네? 당신의 연구실이 '헬 랩'이라서 다들 피곤에 쩔어있다고요? 그럼 부상자가 한 명으로 끝나지 않겠군요! 당신의 개인보드에 있는 인력 토큰 하나를 골라서 제거합니다. 만일 악행토큰을 받았다면 2명을 제거합니다. 제거한 인력 토큰은 인력풀에 넣습니다. 인력 토큰이 하나도 없다면 아무런 행동을 하지 않습니다. 여기서 '스탭'이란, 이 네 가지의 인력토큰을 말합니다. 그림 속 인물이 고글을 쓰고 있으면 '스탭'입니다.

이름 논문 통과
수량 2장
효과 투고된 논문이 있을 경우 바로 게재한다.
설명 투고한(카드를 세워둔) 아이디어카드는, 한 턴을 기다릴 필요 없이 지금 게재합니다. 'TOOL' 속성이 아니므로 가지고 있다가 쓸 수는 없습니다. 설령 곧바로 투고할 수 있는 아이디어카드가 있다 해도, 아직 투고된 상태가 아니므로 즉시 투고하고 게재할 수는 없습니다. 현재 투고 상태인 논문이 없다면 어떤 효과도 없습니다(사용하지 못하고 폐기됩니다).

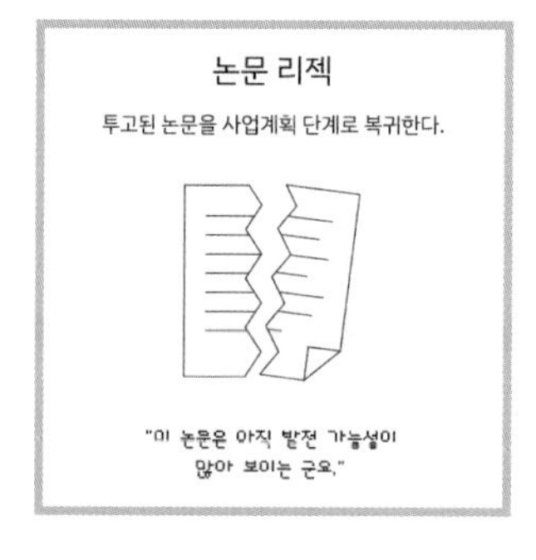

이름 논문 리젝
수량 1장
효과 투고된 논문을 사업계획 단계로 복귀한다.
설명 "내 논문이 뭐가 부족하다는 거야!" 당신이 논문을 투고한 학술지에서 논문이 게재를 거절당했습니다! 대체 뭐가 잘못되었는지 다시 살펴봐야겠네요. 투고한(세워둔) 카드를 다시 눕힙니다. 이미 올라간 Order는 그대로이므로, 실험을 다시 해야 할 필요는 없습니다. Action을 하나 소모하여 다시 투고할 수 있습니다.

이름 코딩 워크숍
수량 1장
효과 프로그래밍 스탯이 1 증가한다.

이름 장비 도난
수량 2장
효과 -5 디랙
설명 연구실에 도둑이 들었습니다. 즉시 5디랙을 지불합니다.

이름 다중전극을 만들다
수량 1장
효과 실험숙련도 5면, 다중 전극+1
설명 다중전극을 이미 모두 구매했거나, 실험숙련도가 5 미만이라면 어떤 효과도 없습니다.

이름 양떼와의 만남
수량 2장
효과 팀워크 스탯이 1 증가한다.

이름 리뷰 사이트에서 평이 좋다
수량 3장
효과 팀워크 1 이상이면 인건비 10디랙 할인
설명 이번 라운드가 끝나고 다음 라운드를 시작할 때, 내야 할 인건비가 영구적으로 10디랙 할인됩니다. 개인보드의 인건비 란에 10디랙 깎아서 적어두세요. '팀워크' 칸은 교수 1명이 채워진 상태에서 시작하므로, 효과를 받지 않는 경우는 없습니다.

이름 논문 리뷰 세미나
수량 1장
효과 양자물리학 스탯이 1 증가한다. (이 게임에서 '원자물리학'은 '양자물리학'과 같습니다)

이름 하드 워크
수량 4장
속성 TOOL
효과 사용시 악행 토큰+1, 원하는 order.+1
설명 이런! 당신은 당신의 연구실 구성원들을 혹사해서 성과를 내는 사람이군요! 당장의 성과는 좋아지겠지만, 당신의 연구실은 '지옥같다'는 나쁜 소문이 퍼져 손가락질받을지도 모릅니다. 하지만 연구실을 이끌다보면, 때로는 비정한 결단이 필요할 때도 있는 법이지요.

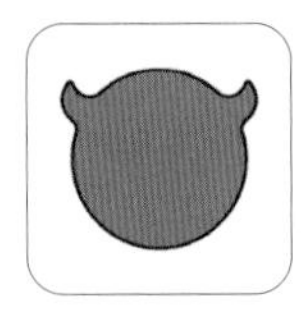

이 카드를 받으면 개인보드에 악행 토큰을 끼우고, 원하는 order 중 하나만 골라 +1 올립니다. 악행 토큰을 받은 실험실은 '헬 랩(Hell Lab)'으로 불립니다. '헬 랩'은 앞으로 게임 진행 중 불리한 상황이 많을 것입니다. 대표적으로, 이벤트카드에서 ''학회참여' 카드가 나와도 '교류'를 할 수 없습니다. 한번 악행토큰을 받으면 다시 제거할 방법이 없으므로 신중하게 사용하세요! 이 카드는 'TOOL'속성을 가지고 있어, 원한다면 사용하지 않고 가지고 있거나 다른 사람에게 전달해서 불이익을 받게 할 수도 있습니다. 하지만 상대의 order를 1만큼 올려주기 때문에 주의해서 사용하도록 합니다.

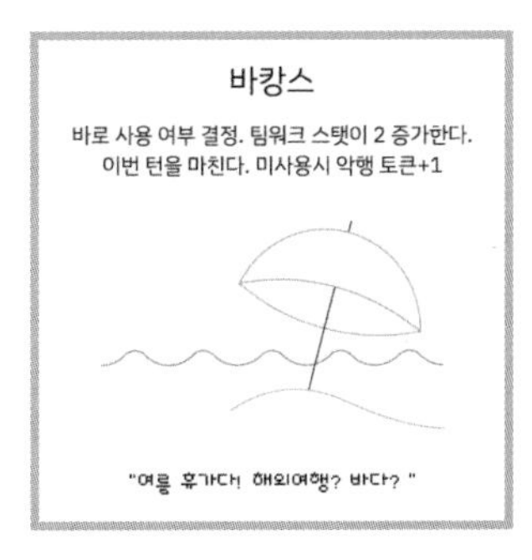

이름 바캉스

수량 2장

효과 바로 사용 여부 결정. 팀워크 스탯이 2 증가한다. 이번 턴을 마친다. 미사용시 악행 토큰 +1

설명 사용하기로 한다면, 팀워크 스탯을 2 올립니다. 팀워크 스탯이 4인 경우는 1만 증가합니다. 팀워크 스탯이 5인 경우 어떤 효과도 없습니다. 그리고 이번 턴을 마치고 다음 플레이어에게 차례를 넘깁니다. 행동(액션)이 남아있어도 쓸 수 없습니다(모두 휴가를 떠났으니까요). 사용하지 않는다면, 악행토큰을 받습니다. 악행토큰을 이미 받은 경우에는 어떤 효과도 없습니다.

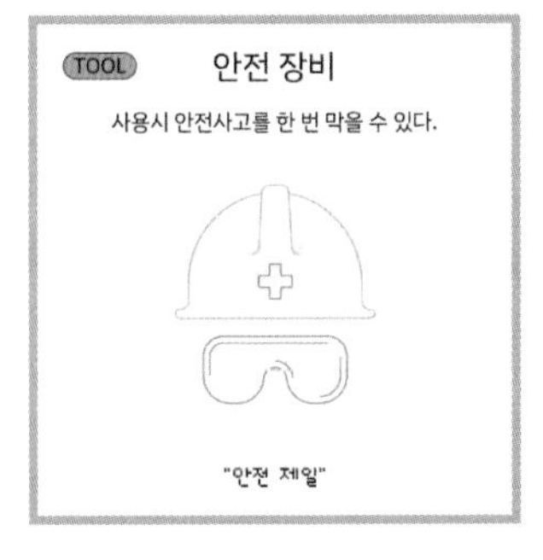

이름 안전 장비

수량 2장

속성 TOOL

효과 사용시 안전사고를 한 번 막을 수 있다.

설명 거대한 설비가 있는 연구시설에는 반드시 안전 장비를 갖추고 들어가야 하는 곳이 있습니다. 안전장비를 갖추어 안전사고를 미연에 예방합시다.
안전사고가 발생했을 때, 이 카드로 한 번 막을 수 있습니다. 한 번 안전사고를 막은 이후에는 다시 사용할 수 없으며, 이미 사용한 다른 개인이벤트카드들과 함께 모아둡니다.

이름 대학원생 화목으로 친구 영입

수량 3장

효과 대학원생이 있을 경우 대학원생 한 명을 추가로 영입(지도교수 제한X)(Hell Lab은 다음 라운드에 해당 대학원생 해고)

설명 대학원생 하나가 우리 연구실로 진로를 잡겠다며 찾아왔습니다. 우리 연구실에서 일하고 있던 대학원생의 친구로군요. 하지만 우리 연구실이 알고보니 지옥같은 헬 랩이라면, 이 대학원생은 곧바로 도망갑니다! 우정에도 금이 가겠군요.
개인보드에 대학원생이 있다면, 인력 풀에서(인력 풀에 없다면 주머니에서) 대학원생 토큰을 하나 찾아 개인보드 원하는 곳에 꽂습니다. 원래 있던 대학원생이 있던 곳이 아니어도 좋습니다. 원래 대학원생은 원래 '지도교수'가 있어야 영입할 수 있습니다.
하지만 이 카드가 있으면, 개인보드의 교수 숫자와 상관없이 한 명을 더 들일 수 있습니다. 교수가 하나도 없는 칸이라도 가능합니다. 악행토큰이 있다면 이때 들어온 대학원생은 다음 라운드 시작 시에, 다른 플레이어가 새 인력을 뽑기 전에 제거하여 인력 풀에 넣습니다.

이름 강의실 콘서트

수량 1장

효과 팀워크 스탯이 1 증가한다.

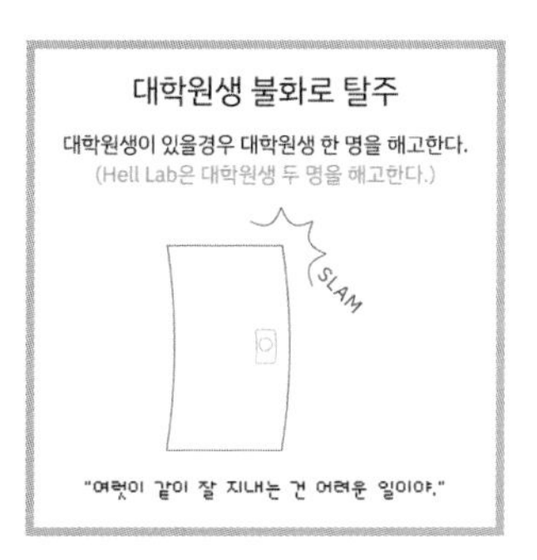

이름 대학원생 불화로 탈주

수량 2장

효과 대학원생이 있을경우 대학원생 한 명을 해고한다(Hell Lab은 대학원생 두 명을 해고한다).

설명 여러 사람이 함께 일하다보면 모두가 사이좋게 지내기 힘든 경우도 생깁니다. 어쩌면 연구실을 그만두게 될지도 모릅니다. 대학원생 토큰 하나를 골라 인력 풀로 되돌립니다. 헬 랩이라도, 대학원생이 한 명뿐이면 그 한 명만 해고합니다. 대학원생이 없으면 아무 효과도 없습니다.

이름 연구원이 결혼했다

수량 2장

효과 팀워크 스탯이 2 증가한다.

설명 한 연구실 안에서 부부가 탄생했습니다! 마치 퀴리 부부처럼, 연구실의 팀워크가 더욱 단단해지겠군요.

빌런이벤트카드

전체이벤트카드를 대체하는 카드입니다. 전체이벤트카드와 사용법은 같습니다. 하지만 주로 나쁜 효과들이 많이 나옵니다. 전체이벤트카드에서 '빌런 등장' 카드가 나오면 빌런이벤트카드 더미로 바꾸어 게임을 계속 진행합니다.

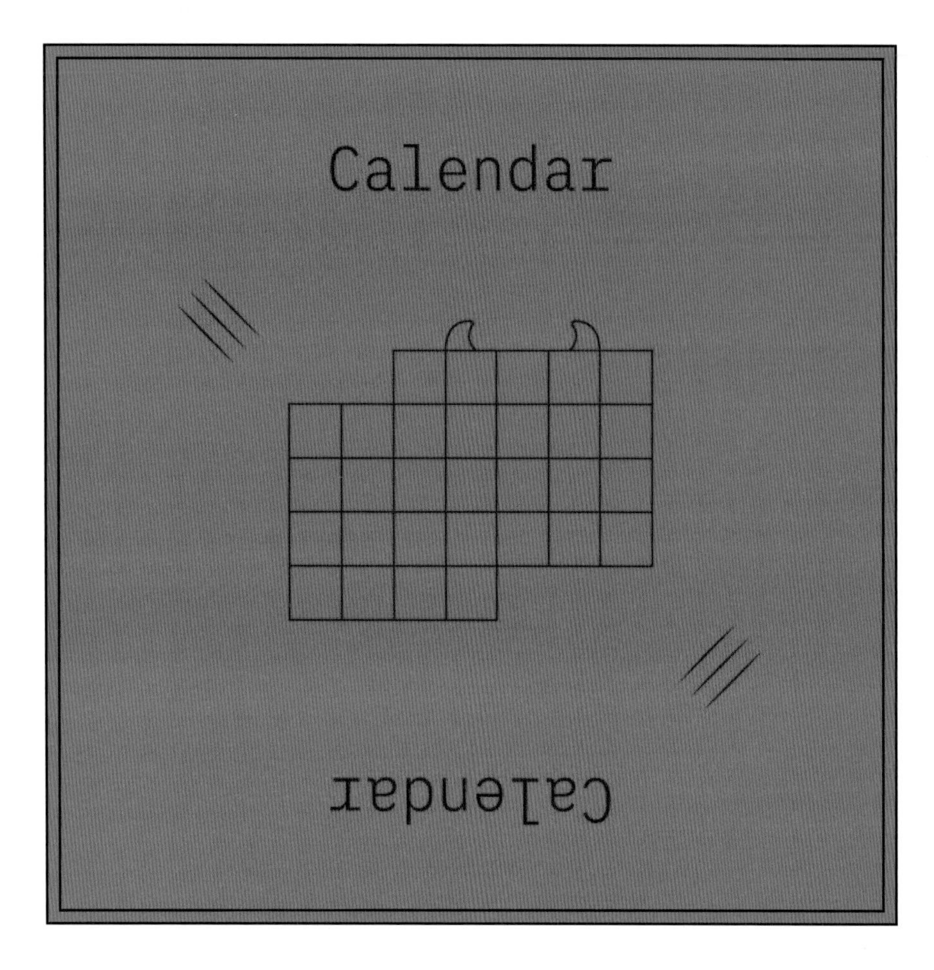

빌런이벤트카드는 전체이벤트카드와 사용법이 같습니다. 게임을 시작할 때는 전체이벤트카드 더미를 사용하지만, 전체이벤트카드에서 '빌런 등장' 카드가 나오면 곧바로 빌런이벤트카드로 바꿉니다. 그리고 빌런이벤트카드 한 장을 뒤집고 라운드를 시작합니다. 빌런이벤트카드에는 주로 플레이어에게 나쁜 효과들이 많아 게임이 어려워집니다.

카드가 모두 떨어지면

게임 진행 중 빌런이벤트카드가 다 떨어지면, 사용된 빌런이벤트카드를 섞어 다시 사용합니다.

'연구계획서 제안시기' 카드

빌런이벤트카드 중에도 '연구계획서 제안시기'가 있습니다. 쉬운 난이도로 게임을 할 때는 이 카드를 빼고 게임을 합니다. 이때는 언제든 연구계획서 제안을 할 수 있습니다. 어려운 난이도로 할 때는 이 카드를 넣고, 이 카드가 나온 라운드에만 연구계획서 제안을 합니다.

'ACTION' 속성

빌런이벤트카드에도 전체이벤트카드처럼 'ACTION' 속성이 붙은 카드가 있습니다. 카드의 왼쪽 위에 아래와 같은 마크가 붙어있습니다. 액션(행동) 하나를 소모하여 특정한 행동을 합니다.

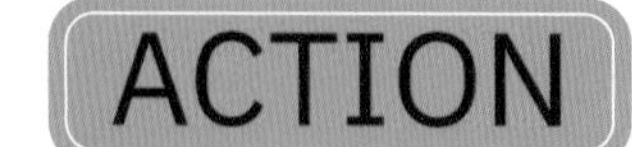

카드 상세 설명

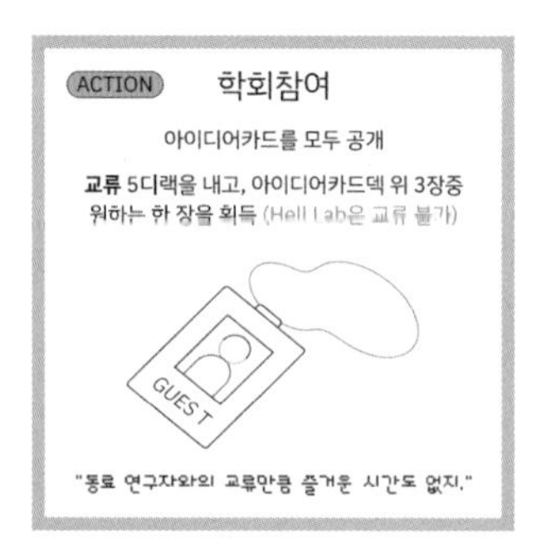

이름 학회참여
수량 3장
속성 ACTION
효과 아이디어카드를 모두 공개/교류 5디랙을 내고, 아이디어카드덱 위3장 중 원하는 한 장을 획득(Hell Lab은 교류 불가)
설명 전체이벤트카드의 '학회참여'와 같은 카드입니다.

이름 미지의 바이러스 공격
수량 1장
효과 각 오른쪽 팀이 정한 직원 1명 이번 라운드에서 제외(안전장비, 수료증으로 예방 가능)
설명 우리 연구원 하나가 병에 걸렸습니다! 당분간 일을 못 하겠군요. 오른쪽 플레이어가 정해준 인력토큰 하나를 이번 라운드에서 제외합니다. 다음 라운드가 시작할 때 이 인력토큰을 복귀시킵니다. 인건비를 계산할 때도 포함하지 않습니다.

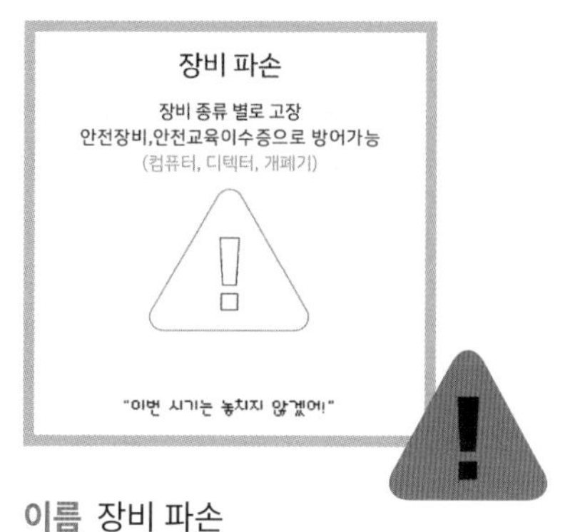

이름 장비 파손
수량 1장
효과 장비 종류 별로 고장. 안전장비, 안전교육이수증 등으로 방어가능
설명 각 실험장비 종류별로 고장토큰을 올려놓습니다. 고장토큰을 올려놓을 곳은 각 실험장비들입니다. '안전장비' 카드나 '안전교육이수증(수료증)'으로 방어할 수 있습니다.

이름 반물질 반대 영화 개봉
수량 1장
효과 팀워크 스탯 1증가
설명 여론이 나빠졌지만 우리 연구원들의 사기는 더욱 오른 모양이군요. 팀워크 스탯을 1 증가합니다. 팀워크 스탯이 모두 차 있다면 아무런 효과가 없습니다.

이름 연구계획서 제안시기
수량 5장
효과 아이디어 카드를 내려놓을 수 있음
설명 쉬운 난이도로 할 때는 이 카드를 게임에서 제외합니다.

이름 양들의 습격
수량 1장
효과 기기파손. 1R 동안 실험 불가
설명 양들이 연구실을 습격하여 기기가 파손되었습니다(고장 토큰을 사용하지는 않습니다)! 모든 플레이어가 이번 라운드에 실험을 할 수 없습니다.

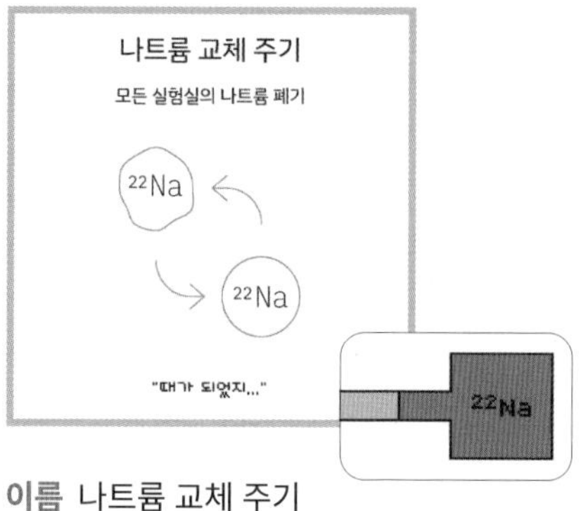

이름 나트륨 교체 주기
수량 5장
효과 모든 실험실의 나트륨 폐기
설명 전체이벤트카드의 '나트륨 교체 주기'와 같은 카드입니다. 모든 플레이어의 개인카드에서 나트륨-22 토큰을 제거합니다. 없는 플레이어에게는 아무런 효과가 없습니다.

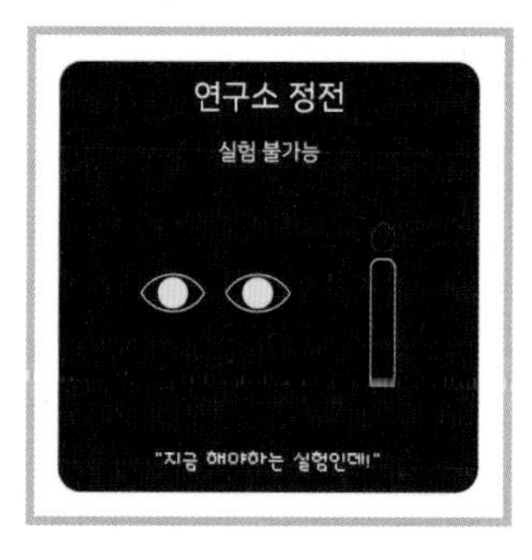

이름 연구소 정전
수량 5장
효과 실험 불가능
설명 연구소가 예고도 없이 정전되었습니다! 모든 플레이어가 이번 라운드에는 실험을 할 수 없습니다.

이름 해킹(데이터 삭제)
수량 2장
효과 실험 종류 별로 order. 감소.
설명 소중한 연구 데이터가 지워졌습니다! 모든 종류의 실험에서 order를 1씩 줄입니다. order가 0인 실험에는 아무 효과가 없습니다.

이름 일반인으로 위장한 일루미나티의 테러
수량 1장
효과 이번 라운드는 아이디어 카드 획득 불가
설명 음모론 집단이 테러를 가했습니다! 모든 플레이어가 이번 라운드에는 아이디어카드를 뽑을 수 없습니다.

이름 유사과학 집단의 로비
수량 5장
효과 연구계획서 제안시 연구비 10디랙 삭감
설명 플레이어는 연구계획서를 제안할 때, 10디랙을 덜 받습니다.

아이디어 카드 완전 정리

아이디어카드에서 논문 게재까지

아이디어카드는 연구 논문의 주제가 되는 연구 아이디어를 나타냅니다. 플레이어는 아이디어카드를 연구계획서로 제안하여 연구비를 받고, 논문이 되어 학술지에 투고하고, 마침내 게재되게 됩니다.

아이디어카드를 뽑아 얻은 연구 아이디어는 다음과 같은 과정을 거쳐 학술지에 게재하는 논문이 됩니다.

1. **제안 단계:** '제안조건'을 맞추어 연구계획서로 제안, 연구비를 받습니다.
2. **투고 단계:** '투고조건'을 갖추면 논문으로 투고합니다.
3. **게재 단계:** 주사위를 굴려 학술지에 게재합니다.

e+	제안 조건	연구비	투고 조건
	실험숙련도 3 양자물리학 2	100디랙	Order. 2

카드의 앞면에는 실험의 종류, 제안할 수 있는 조건인 제안조건, 제안했을 때 받는 연구비 액수, 논문으로 투고할 수 있는 조건인 투고조건이 적혀 있습니다.

제안조건: 이 연구를 하는 데 필요한 인력을 의미합니다. 이 이상의 인력이 개인보드(플레이어의 연구실)에 있어야 연구계획서를 제안할 수 있습니다.

연구비: 이 연구의 연구계획서를 제안하면 받을 수 있는 연구비입니다.

투고조건: 학술지에 논문으로 투고할 수 있는 조건입니다. 카드의 색깔과 같은 색깔의 order가 투고조건보다 같거나 커야 투고할 수 있습니다.

실험 종류: 아이디어카드 앞면의 색깔은 실험 종류를 나타냅니다. 반양성자 생성 실험은 노란색, 양전자 생성 실험은 파란색, 반수소 생성 실험은 녹색입니다. 투고조건에 나온 order는 이 카드 색깔과 같은 order를 말합니다.

아이디어카드 뽑기

아이디어카드는 각자의 차례(턴)에, 남아있는 행동(액션) 횟수만큼 뽑을 수 있습니다. 한 턴에 할 수 있는 행동이 4번까지이니, 최대 4장까지 뽑을 수 있습니다. 아이디어카드를 뽑으면 다른 플레이어들이 볼 수 없도록 들고 있도록 합시다. 손에 들고 있을 수 있는 아이디어카드의 최대 숫자는, 현재 자신의 개인보드에 있는 교수의 숫자와 같습니다.

제안 단계 1: 제안조건 만족하기

'제안조건'을 맞추어 아이디어를 연구계획서로 제안합니다.

예를 들어 '회전 전기장 세기에 따른 양전자 구름 압축률 개선'의 제안조건은 '실험숙련도 1, 프로그래밍 2'입니다. 현재 APLUS 연구실에는 실험숙련도에 스태프 1명, 프로그래밍에 교수 1명이 있습니다. 프로그래밍 칸에는 교수 한 명뿐이지만 다른 인력과 달리 2칸을 차지하므로 제안조건을 이미 만족하였습니다. 제안조건을 만족하지 못했다면, 인력을 더 데려와서 조건을 만족시킨 후 제안하도록 합시다. 제안조건이 낮은 카드를 뽑으면 게임 초반에 연구계획서를 제안할 수 있어 좋습니다.
개인보드의 양자물리학, 프로그래밍, 실험숙련도 칸의 인력은 팀워크 칸의 인력보다 많을 수 없습니다. 따라서 제안조건에 3 이상의 숫자가 있다면, 팀워크 인력을 더 고용해야 할 수도 있습니다. 꼭 확인하세요. 팀워크 칸은 기본적으로 2칸이 차 있기 때문에, 이번 예시에서는 다행히 팀워크 인력을 더 데려올 필요가 없겠군요.
다른 아이디어카드를 제안할 때, 이미 제안된 아이디어카드의 제안조건을 고려할 필요는 없습니다. 예를 들어, '축적 시간에 따른 반양성자 축적 효율 개선' 카드의 제안조건은 '실험숙련도 3'입니다. 따라서 위의 APLUS 연구실은 실험숙련도를 2칸만 더 채우고 제안할 수 있습니다. 물론 지금 일하고 있는 실험숙련도 스태프는 '회전 전기장 세기에 따른 양전자 구름 압축률 개선' 연구로 바쁘겠지만 상관 없습니다.

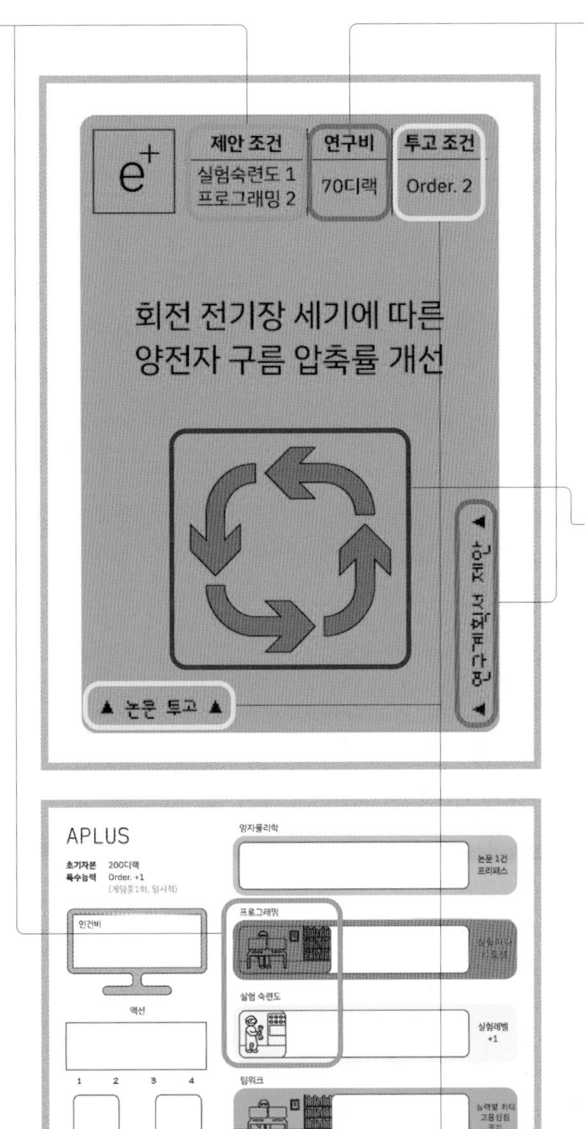

제안 단계 2: 연구계획서 제안하고 연구비 받기

연구계획서를 제안할 때는 '연구계획서 제안'이라는 글자가 바로 보이도록, 옆으로 뉘어서(가로로 긴 방향으로) 바닥에 내려놓습니다.
연구계획서가 제안되면 카드에 적힌 만큼 연구비를 받습니다. 단, 제안하고 연구비를 받은 모든 연구를 반드시 논문으로 제출해야 할 필요는 없습니다.

내가 게재한 논문과 같은 그림의 아이디어카드를 내려놓는 데에는 액션을 소모하지 않습니다. 이 분야에서 당신은 전문가이니까요!

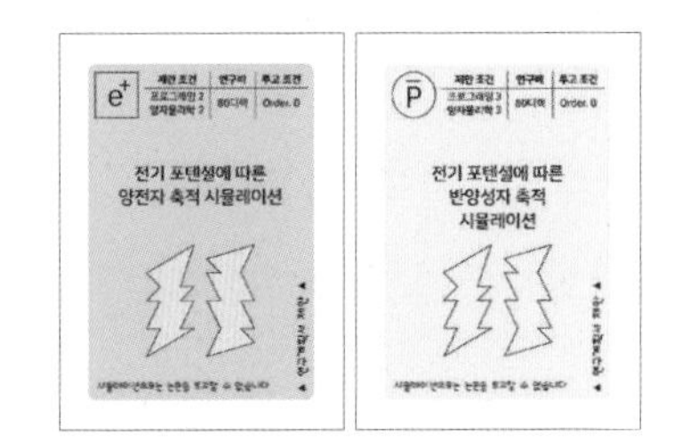

바탕색이 옅은 카드. 이 카드에 적인 연구 아이디어는 '시뮬레이션'으로 이 카드는 논문으로 투고할 수 없다.

투고 단계

실험을 수행하여 '투고 조건'을 갖추면 논문을 학술지에 '투고'할 수 있습니다. 그간 수행한 실험 결과로 누적된 order가 있을 것입니다. 예시의 아이디어카드의 투고조건은 'order 2'이므로, order가 2 이상일 때 투고할 수 있습니다. order가 모자란다면 실험을 더 성공시켜 2보다 같거나 크게 만들도록 합시다.
투고를 할 때는 '논문 투고'라는 글자가 바로 보이도록, 제안 단계의 눕혀진 카드를 바로 세워서 논문을 투고하였음을 표시하도록 합니다.
※ 주의: 아이디어카드 중, 바탕색이 옅은 카드가 있습니다. 이 카드에 적인 연구 아이디어는 '시뮬레이션'입니다. 이 옅은 색의 카드는 논문으로 투고할 수 없습니다!

게재 단계

이렇게 투고된 논문은 주사위를 굴려서 게재에 성공했는지 알아봅니다. 이 주사위 굴림은 자기 차례를 시작할 때 다른 어떤 행동보다 먼저 해야 합니다. 주사위를 굴려서 1, 2, 3이 나오면 게재에 실패한 것이고, 4, 5, 6이 나오면 게재에 성공한 것입니다. 게재된 논문은 다음과 같이 논문 커버를 씌워서 따로 둡니다.

양전자 생성 실험(e+)

이름
회전 전기장 세기에 따른 양전자 구름 압축률 개선
제안조건
실험숙련도 1, 프로그래밍 2
연구비
70디랙
투고조건
Order 2

양전자는 반물질이기 때문에, 그냥 두면 다른 물질과 만나 에너지를 뿜어내고 소멸합니다. 따라서 특별한 방법으로 진공 속에 가두어두어야 합니다. 이 '특별한 방법'이 바로 회전 전기장 안에 가두는 것입니다. 당신은 회전 전기장의 세기에 대해 연구하면 반수소가 잘 생성되게 할 방법이 있을 것이라고 생각합니다.

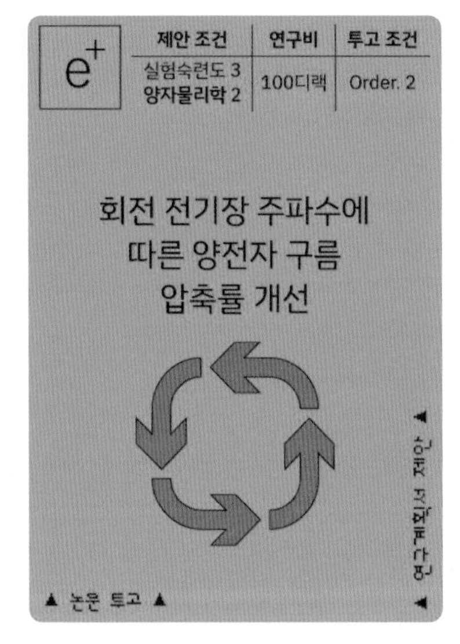

이름
회전 전기장 주파수에 따른 양전자 구름 압축률 개선
제안조건
실험숙련도 3, 양자물리학 2
연구비
100디랙
투고조건
Order 2

당신은 회전 전기장의 주파수와 양전자 구름의 압축률 사이의 관계를 연구하여, 양전자 구름 압축률을 개선하는 연구를 하기로 했습니다. 실험숙련도를 3으로 올리기 위해서는 팀워크 칸도 3 이상이 되어야 한다는 점을 유념하세요. 그래서 이 연구는 인력이 비교적 많이 필요하다고 볼 수 있지만, 연구비를 상당히 많이 받기에 해 볼 만합니다.

이름
버퍼 가스 종류에 따른 양전자 축적 효율

제안조건
실험숙련도 2, 양자물리학 2

연구비
80디랙

투고조건
Order 1

버퍼 가스는 양전자의 에너지 레벨을 낮춰주는 역할을 합니다. 버퍼 가스를 다른 물질로 바꾸어보면 양전자가 더 잘 축적되지 않을까요? 받을 수 있는 연구비에 비하면, 필요한 인력이 적지 않은 연구입니다. 하지만 양전자가 적게 생성되어도(order가 1밖에 되지 않아도) 논문을 낼 수 있는 장점이 있습니다.

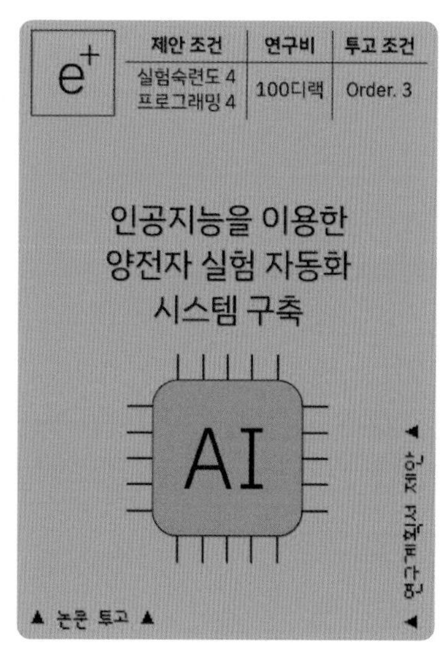

이름
인공지능을 이용한 양전자 실험 자동화 시스템 구축

제안조건
실험숙련도 4, 프로그래밍 4

연구비
100디랙

투고조건
Order 3

당신은 인공지능을 개발해서 양전자 생성 실험에 사용해보기로 했습니다. 그런데 이 연구를 하는 데는 무척 많은 인력이 필요하군요. 연구비는 많이 따 올 수 있겠지만, 더 적은 인력으로 이만한 연구비를 탈 수 있는 다른 연구도 있을 텐데요. 논문을 내려면 남들보다 더 많은 양전자를 만들어 보여줘야 하겠지요(order 3)? 비교적 사용하기 힘든 카드지만, 인력 칸을 모두 채워 특수능력을 얻어보면 좋겠네요.

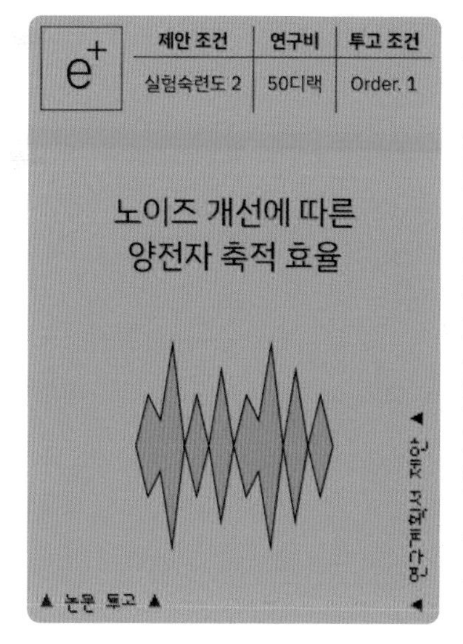

이름
노이즈 개선에 따른 양전자 축적 효율

제안조건
실험숙련도 2

연구비
50디랙

투고조건
Order 1

우리의 연구실이 얼마나 숙련된 실험과학자들로 뭉친 그룹인지 연구 결과로 보여줍시다. 이런저런 잡다한 신호를 없애서 성과를 높였음을 보여주면 됩니다. 제안에 필요한 인력도 적고, 투고 조건도 낮아 빠르게 논문을 낼 수 있는 카드입니다.

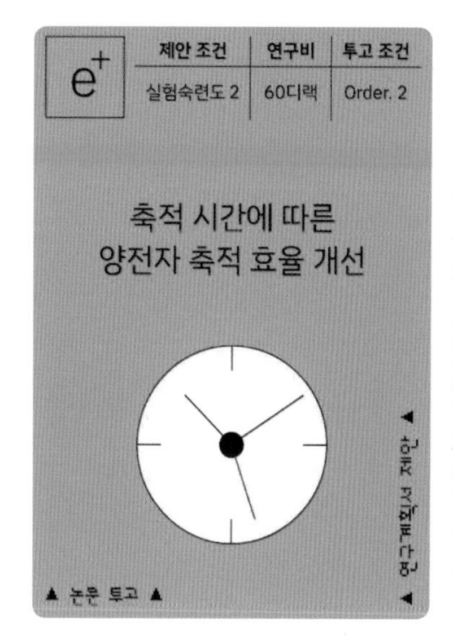

이름
축적 시간에 따른 양전자 축적 효율 개선

제안조건
실험숙련도 2

연구비
60디랙

투고조건
Order 2

당신은 양전자의 축적 시간과 축적 효율의 관계를 연구하기로 했습니다. 적은 인력으로도 연구를 할 수 있지만, 많은 연구비를 달라고 제안하기는 힘들 것 같습니다.

이름
자기장 세기에
따른 양전자 축적
효율 개선
제안조건
양자물리학 2,
프로그래밍 1
연구비
70디랙
투고조건
Order 2

자기장 세기를 변화시키면 양전자가 축적되는 효율을 높일 수 있지 않을까요? 비교적 적은 인력으로 70디랙을 받을 수 있는 카드입니다.

이름
버퍼 가스 농도에
따른 양전자 축적
효율 개선
제안조건
실험숙련도 2
연구비
50디랙
투고조건
Order 1

버퍼 가스의 농도의 변화는 양전자 축적 효율에 어떤 영향을 미칠지 알아봅시다. 적은 인력으로 시작할 수 있고, 투고 조건도 문턱이 낮은 카드입니다.

이름
전기 포텐셜에
따른 양전자 축적
효율 개선
제안조건
실험숙련도 2
연구비
80디랙
투고조건
Order 2

전기 에너지의 포텐셜과 양전자 축적의 관계를 연구해 효율을 높여봅시다. 적은 인력으로 시작할 수 있는 연구 중에서는 꽤 많은 연구비를 받을 수 있는 카드이기에 게임 초반에 나와주면 도움이 될 것입니다. 투고조건이 order 2로 높지만, 양전자 발생 실험은 선마커가 없는 라운드에도 할 수 있기에 투고를 노리기도 어렵지 않습니다. 여러모로 좋은 카드입니다.

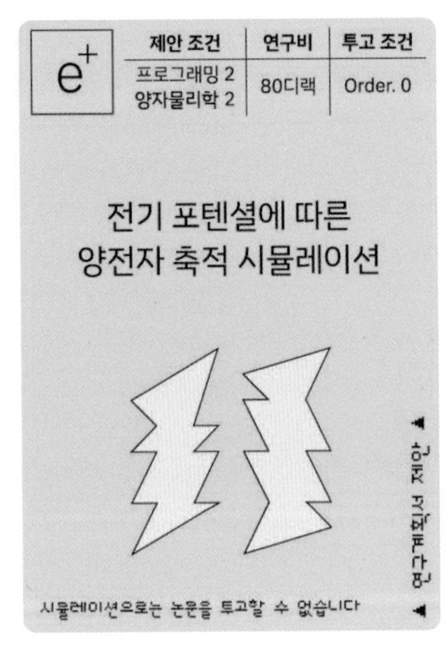

이름
전기 포텐셜에
따른 양전자 축적
시뮬레이션
제안조건
프로그래밍 2,
양자물리학 2
연구비
80디랙
투고조건
Order 0

이 연구는 옅은 색을 가진 카드입니다. 시뮬레이션으로 진행하는 연구입니다. 이 게임에서 시뮬레이션은 논문 투고를 할 수 없으니 주의하세요! 필요한 인력은 많은 편입니다.

반양성자 생성 실험

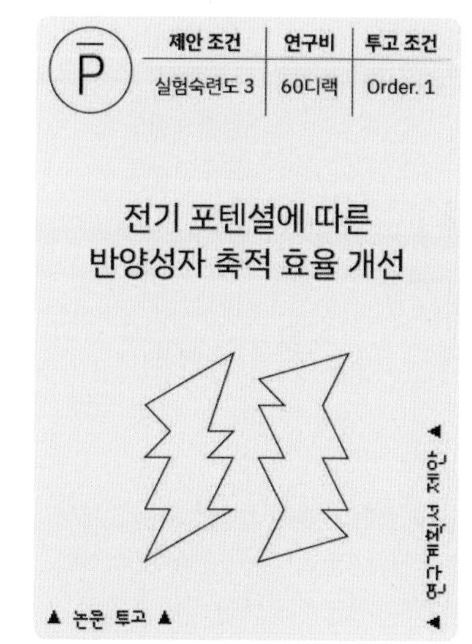

이름
전기 포텐셜에
따른 반양성자
축적 효율 개선
제안조건
실험숙련도 3
연구비
60디랙
투고조건
Order 1

이번에는 반양성자의 축적은 전기 에너지의 포텐셜에 따라 어떻게 달라지는지 알아보는 연구입니다. 실험숙련도 인력 3명만 필요합니다. 하지만 팀워크의 인력도 3명 이상이어야 다른 칸의 인력도 3명 이상으로 늘릴 수 있으므로, 한 명을 더 고용해야 할 수도 있습니다.

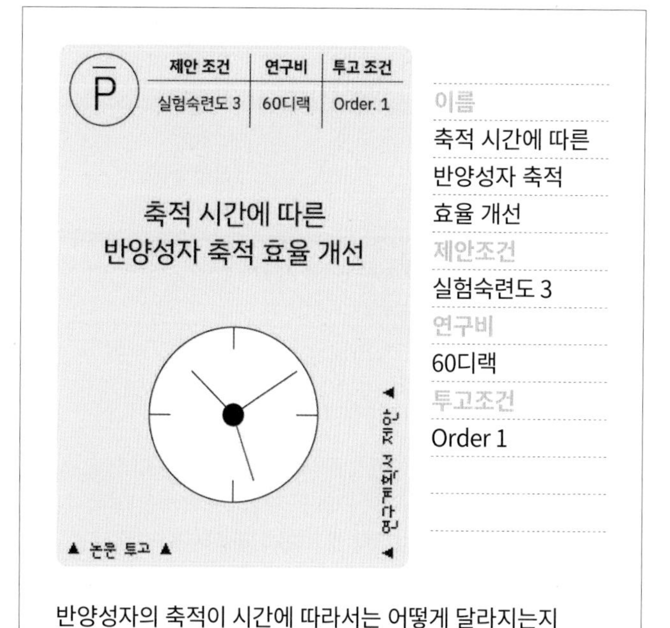

이름
축적 시간에 따른
반양성자 축적
효율 개선
제안조건
실험숙련도 3
연구비
60디랙
투고조건
Order 1

반양성자의 축적이 시간에 따라서는 어떻게 달라지는지 연구합니다. 모든 조건이 왼쪽 연구와 같은 연구입니다.

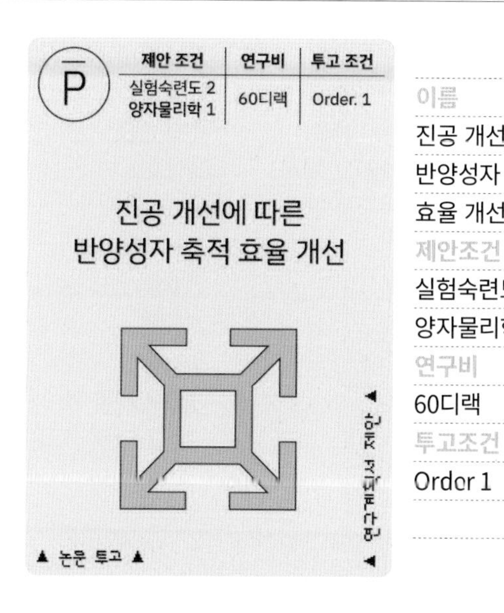

이름
진공 개선에 따른
반양성자 축적
효율 개선
제안조건
실험숙련도 2,
양자물리학 1
연구비
60디랙
투고조건
Order 1

가속기 속은 진공으로 되어 있습니다. 입자는 이 진공 속을 달립니다. 진공 상태를 개선하여 반양성자의 축적을 개선해봅시다. 필요한 인력이 총 3칸이라는 점도 위의 두 연구와 비슷하고 연구비와 투고조건도 같지만, 이번에는 팀워크 인력을 추가로 고용할 일이 없습니다.

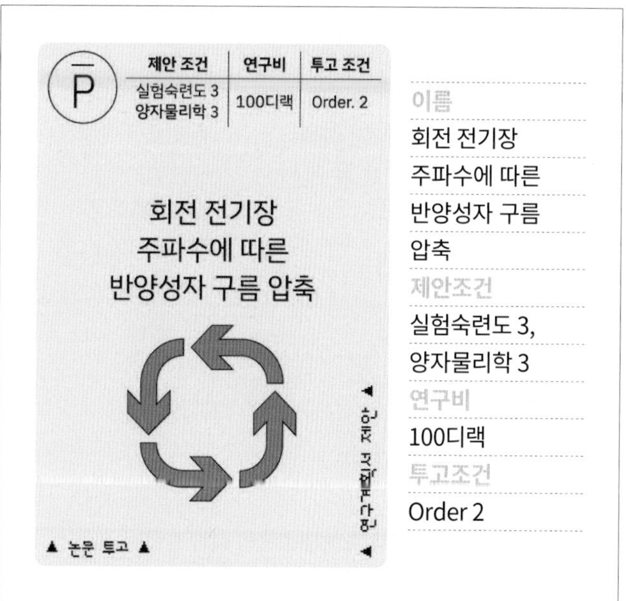

이름
회전 전기장
주파수에 따른
반양성자 구름
압축
제안조건
실험숙련도 3,
양자물리학 3
연구비
100디랙
투고조건
Order 2

회전 자기장의 주파수와 반양성자 구름의 압축 사이의 관계를 연구해봅시다. 제안조건이 비교적 높은 편이고, 팀워크 인력도 3 이상을 만들어야 한다는 점을 기억하세요. 하지만 연구비를 많이 받을 수 있습니다.

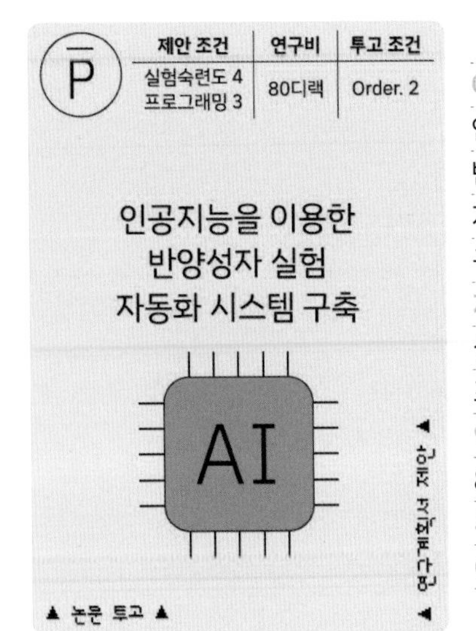

이름
인공지능을 이용한 반양성자 실험 자동화 시스템 구축
제안조건
실험숙련도 4, 프로그래밍 3
연구비
80디랙
투고조건
Order 2

이번에는 반양성자 실험에 인공지능을 적용해봅시다. 연구비는 비교적 많이 주는 편이만, 제안조건이 높은데다, 팀워크 인력도 4칸 이상이나 필요하니 일찍 제안하기는 힘들지도 모르겠네요.

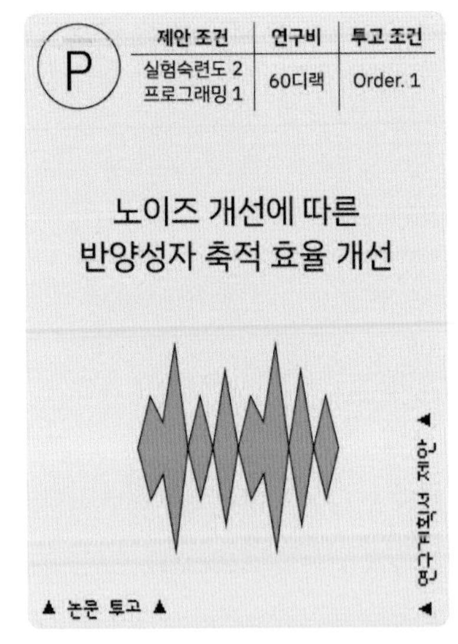

이름
노이즈 개선에 따른 반양성자 축적 효율 개선
제안조건
실험숙련도 2, 프로그래밍 1
연구비
60디랙
투고조건
Order 1

반양성자의 축적 효율을 개선하기 위해, 실험설비의 잡음 신호를 줄이면 어떨까요? 인력 3칸의 제안조건에 60디랙의 연구비를 주는 평범한 카드이지만, 팀워크 인력을 추가로 고용할 필요가 없다는 점은 조금 유리합니다.

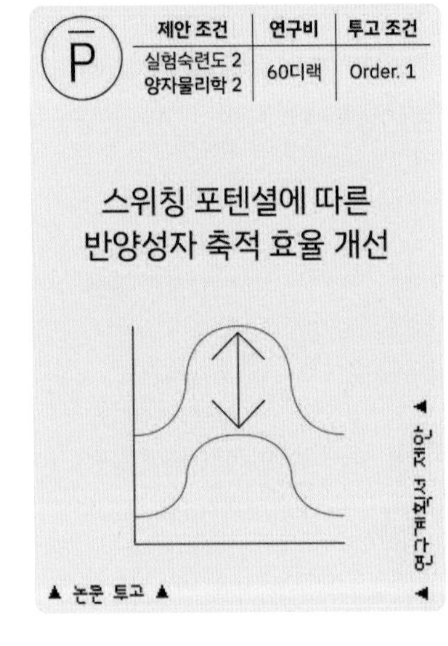

이름
스위칭 포텐셜에 따른 반양성자 축적 효율 개선
제안조건
실험숙련도 2, 양자물리학 2
연구비
60디랙
투고조건
Order 1

스위칭 포텐셜을 연구하여 반양성자의 축적 효율을 높이는 방법을 찾습니다. 연구비에 비해 필요한 인력은 다소 많은 편이지만, 팀워크 인력을 더 고용할 필요는 없습니다.

제안 조건	연구비	투고 조건
실험숙련도 2 프로그래밍 1	70디랙	Order. 2

자기장 세기에 따른
반양성자 축적 효율 개선

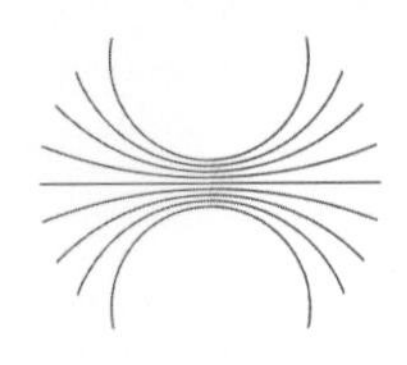

▲ 논문 투고 ▲

이름
자기장 세기에 따른 반양성자 축적 효율 개선
제안조건
실험숙련도 2, 프로그래밍 1
연구비
70디랙
투고조건
Order 2

자기장 세기를 변화시켜 반양성자의 축적을 개선하려는 연구를 합니다. 받는 연구비에 비해 제안조건의 문턱이 낮아 좋은 카드입니다.

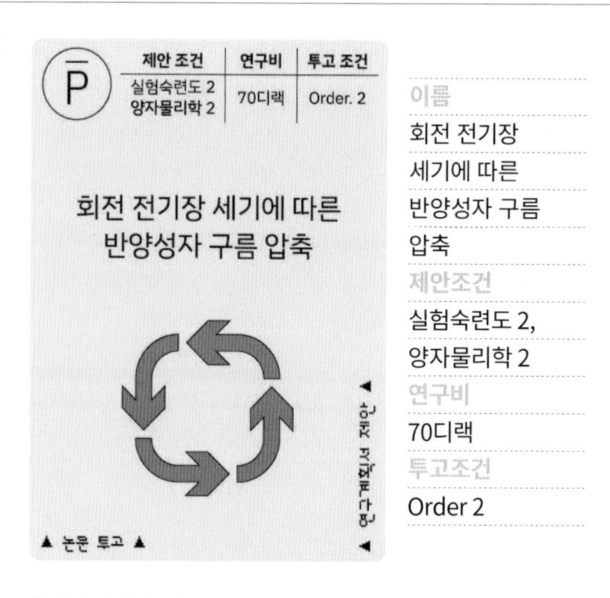

이름
회전 전기장
세기에 따른
반양성자 구름
압축
제안조건
실험숙련도 2,
양자물리학 2
연구비
70디랙
투고조건
Order 2

회전자기장의 세기를 조정해 반양성자 구름이 더 잘 압축되도록 해봅시다. 70디랙의 연구비를 주지만, 제안조건에 비하면 많이 주는 편은 아니네요.

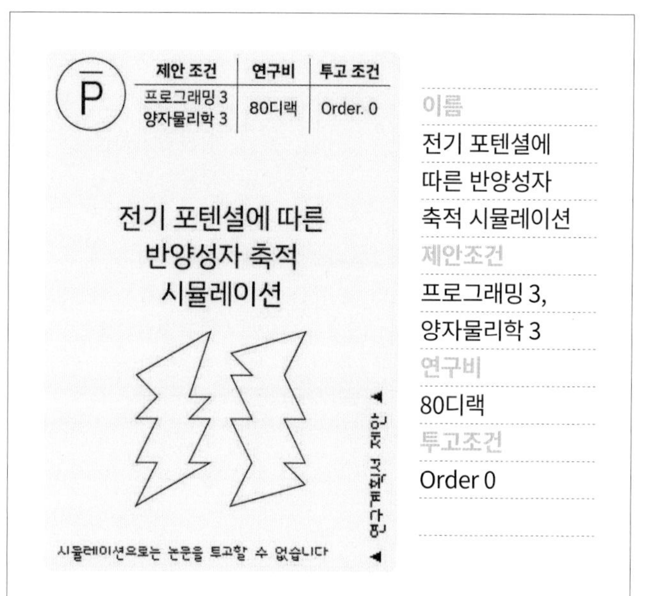

이름
전기 포텐셜에
따른 반양성자
축적 시뮬레이션
제안조건
프로그래밍 3,
양자물리학 3
연구비
80디랙
투고조건
Order 0

이 연구도 시뮬레이션입니다. 따라서 논문으로 투고할 수 없습니다. 제안조건도 두 종류를 3까지 채워야 하고, 팀워크 인력도 3이 안 된다면 추가로 고용해야 합니다. 이런 것을 생각하면 연구비 80디랙은 좀 짜네요.

반양성자 생성 실험

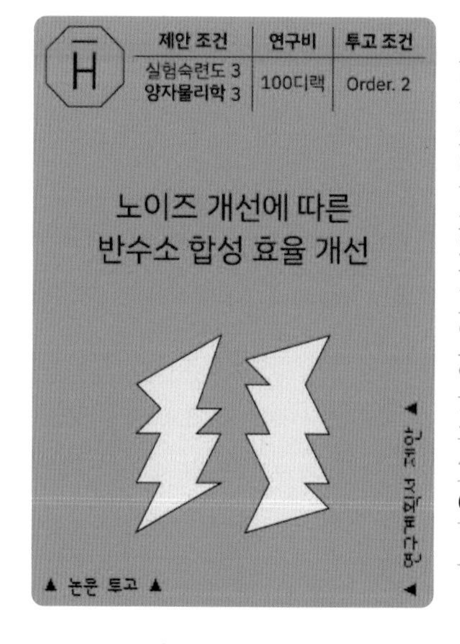

이름
노이즈 개선에
따른 반수소 합성
효율 개선
제안조건
실험숙련도 3,
양자물리학 3
연구비
100디랙
투고조건
Order 2

회전자기장의 세기를 조정해 반양성자 구름이 더 잘 압축되도록 해봅시다. 70디랙의 연구비를 주지만, 제안조건에 비하면 많이 주는 편은 아니네요.

이름
필드 이온화를
통한 반수소 검출
제안조건
실험숙련도 4,
양자물리학 4
연구비
120디랙
투고조건
Order 2

당신은 필드를 이온화하여 반수소를 검출하는 방법을 연구하기로 했습니다. 제안조건도 상당히 높은 대신, 그에 걸맞게 연구비도 많이 주는 카드입니다. 제안조건이 각각 4씩이나 되지만, 기왕 이렇게 된 바에야 한 사람만 더 고용하면 칸을 전부 채워서 특수능력을 얻는 것도 노려보면 어떨까요?

이름
회전 전기장을 적용한 반수소 합성 효율 개선
제안조건
실험숙련도 3, 양자물리학 3
연구비
100디랙
투고조건
Order 2

당신은 반수소가 만들어지는 효율을 개선하기 위해, 회전 전기장을 활용해보는 아이디어를 냈습니다. 제안조건에 비하면 연구비를 많이 주는 편입니다.

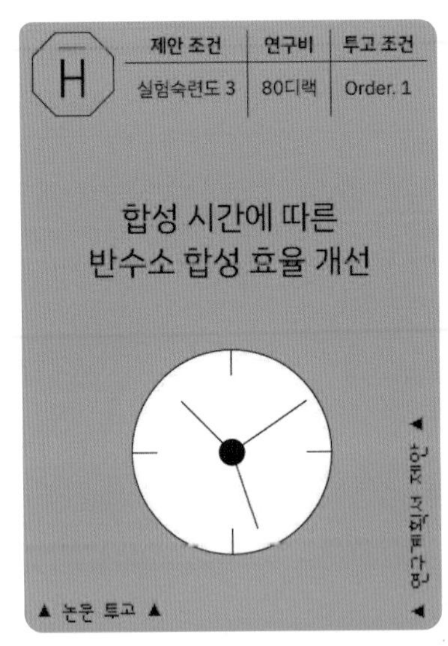

이름
합성 시간에 따른 반수소 합성 효율 개선
제안조건
실험숙련도 3,
연구비
80디랙
투고조건
Order 1

양전자와 반양성자가 반수소로 합성되는 시간에 따른 효율을 연구합니다. 필요한 인력이 많은 편이 아닌데다가, 투고조건도 낮습니다. 반수소 논문을 게재해야 하는 게임 후반에 유용할 것입니다.

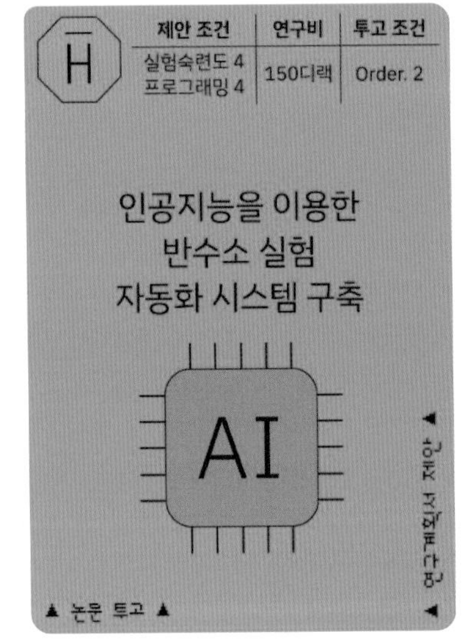

이름
인공지능을 이용한 반수소 실험 자동화 시스템 구축
제안조건
실험숙련도 4, 프로그래밍 4
연구비
150디랙
투고조건
Order 2

인공지능을 이번에는 반수소를 만드는 실험에 적용합니다. 제한조건이 높고 투고조건도 낮지 않지만, 연구비를 무려 150디랙이나 주는 카드 2장 중 하나입니다. 인력을 한 칸씩만 더 채워서 특수능력을 노린다면, 높은 제안조건에 대한 보상이 될 것입니다.

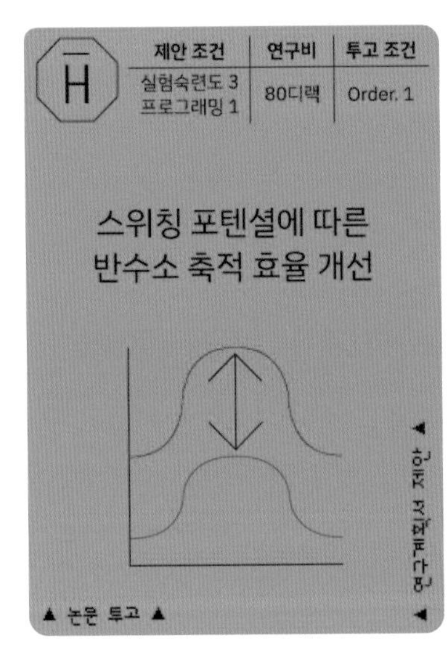

이름
스위칭 포텐셜에 따른 반수소 축적 효율 개선
제안조건
실험숙련도 3, 프로그래밍 1
연구비
80디랙
투고조건
Order 1

스위칭 포텐셜을 연구해 반수소 축적 효율을 높여봅시다. 제안조건과 연구비를 생각하면 아주 좋은 카드 같아 보이지 않을지도 모릅니다. 하지만 투고조건이 낮아 논문 게재를 노려보기 좋습니다.

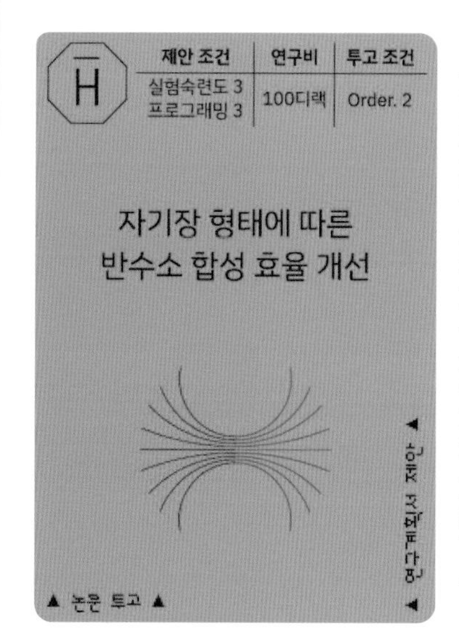

이름
자기장 형태에 따른 반수소 합성 효율 개선
제안조건
실험숙련도 3, 프로그래밍 3
연구비
100디랙
투고조건
Order 2

당신은 자기장의 형태를 바꿔서 반수소 합성의 효율을 높여보려고 시도합니다. 제안조건과 연구비가 비교적 평범한 카드입니다.

이름
전기 포텐셜에 따른 반수소 합성 효율 개선
제안조건
실험숙련도 4, 양자물리학 2
연구비
120디랙
투고조건
Order 1

전기 포텐셜을 연구하여 반수소를 더 잘 합성되게 할 수 있을까요? 실험숙련도를 4까지 올려야 하지만, 양자물리학은 2만 있으면 됩니다. 그에 비하면 연구비도 많은 편이고, 투고조건도 낮은 점은 장점입니다. 실험숙련도를 모두 채워 특수능력도 노려봅시다.

이름
진공 개선에 따른 반수소 합성 효율 개선
제안조건
실험숙련도 3, 양자물리학 2
연구비
80디랙
투고조건
Order 1

반수소를 더 잘 합성하기 위해 실험설비 내부의 진공을 개선하는 연구입니다. 연구비는 반수소 관련 연구치고는 적지만 제안조건과 투고조건이 낮은 점이 좋은 카드입니다.

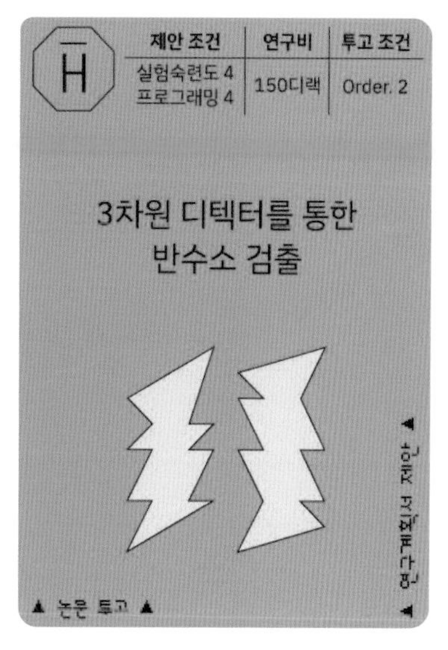

이름
3차원 디텍터를 통한 반수소 검출
제안조건
실험숙련도 4, 프로그래밍 4
연구비
150디랙
투고조건
Order 2

3차원 디텍터를 통한 반수소를 검출하는 방법을 연구합니다. 매우 높은 제안조건에 가장 높은 연구비를 주는 2장의 카드 중 하나입니다. 연구의 이름에, 플레이어가 사서 전체보드에 끼워야 하는 디텍터 토큰의 이름이 들어있습니다. 그렇지만 디텍터 토큰을 아직 사서 넣지 않았더라도 연구계획서를 제안할 수 있습니다. 물론 논문을 투고하려면 실험을 해야만 하니, 언젠가는 사야 하겠지요? 그러라고 연구비를 많이 주는 것일지도 모르겠습니다.

실험과 실험결과카드

실험을 하고, 카드를 뽑아 결과를 알아보자

논문을 게재 하려면 실험에 성공해야 합니다. 실험장비를 갖추고, 실험 종류에 따라 룰렛이나 주사위로 실험합니다. 실험을 할 수 있는 시기를 잘 노려서 준비해야 빠른 논문 게재가 가능합니다.

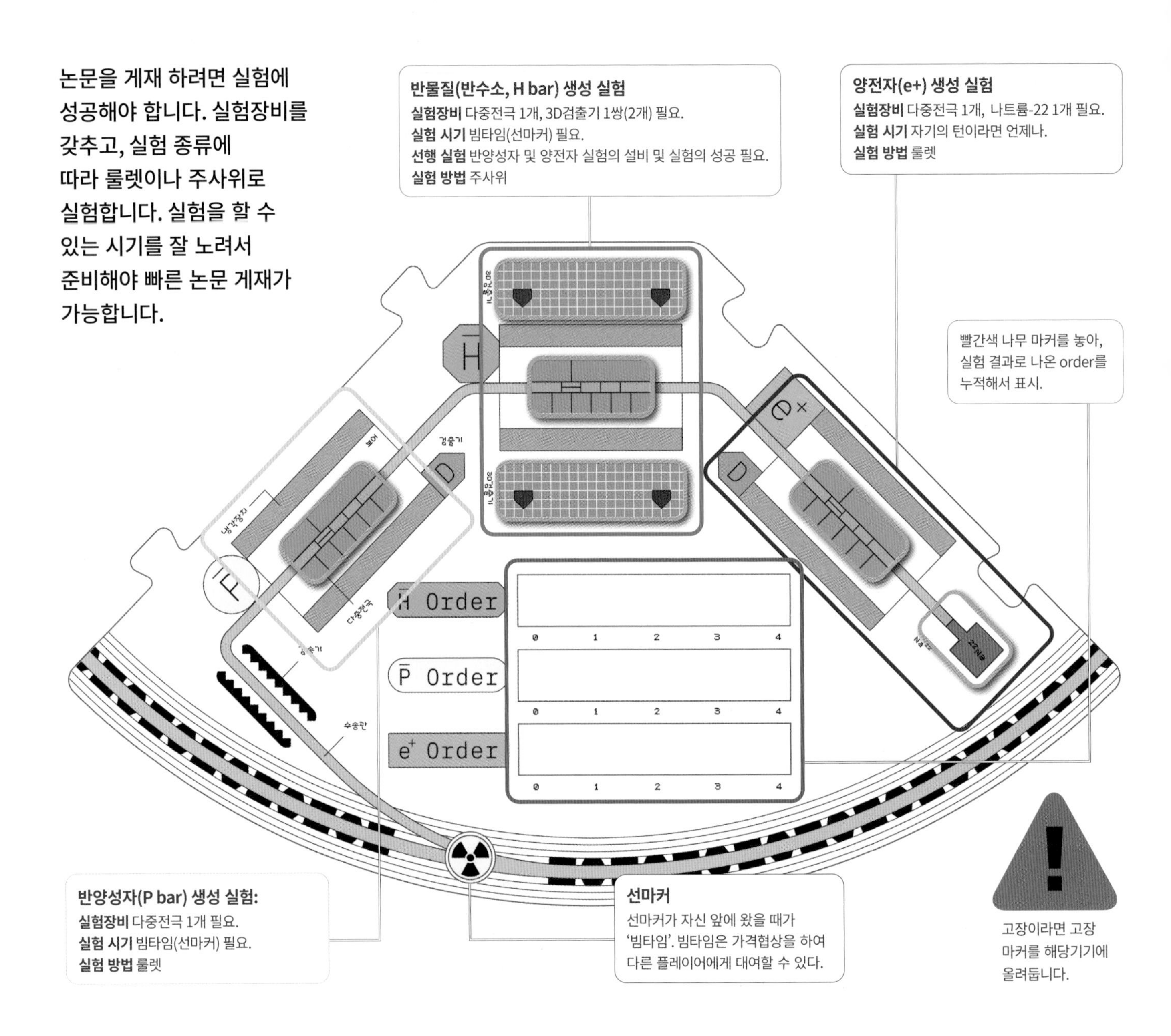

실험장비가 모두 갖추어지면, 어떤 실험을 할지 선언하고 실험을 합니다. 실험장비는 언제라도 살 수 있으나, 실험을 하기 위해서는 갖추어야 할 조건이 있습니다. 아이디어카드로 연구계획서를 제안하지 않았어도 실험은 가능합니다.

룰렛: 양전자(e+) 생성 실험, 반양성자(P bar) 생성 실험

룰렛을 돌립니다. 개인보드의 '실험숙련도' 칸에 인력을 가득 채웠다면 룰렛의 바깥쪽 Lv.2를 사용하고, 아니라면 안쪽 Lv.1을 사용합니다.

룰렛 결과에 따라 실험결과카드의 최적화, 실수, 고장 중 한 장을 뽑습니다. 카드에서 나온 만큼 order를 더하거나 뺍니다. 전체보드의 빨간색 마커를 움직여 현재의 order를 표시합니다. '고장'이라면 실험장비에 고장마커를 올려둡니다.

주사위: 반물질(반수소, H bar) 생성 실험

e+(양전자) order만큼 파란색 주사위, p bar(반수소) order만큼 노란색 주사위를 동시에 굴립니다. 다른 색깔의 주사위에서 같은 수 쌍이 나온 만큼 H bar의 order를 올립니다.

‘최적화’ 카드의 종류

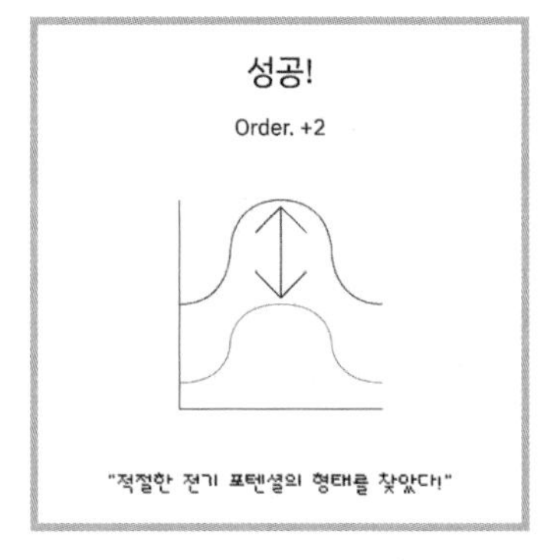

이름 성공!
수량 1장
효과 Order. +2
설명 ‘성공!’카드이지만 order는 ‘대성공!’카드처럼 +2입니다. 대성공과 다름없는 성공!

대성공!!!
Order. +2
"적절한 전기 포텐셜의 형태를 찾았다!"

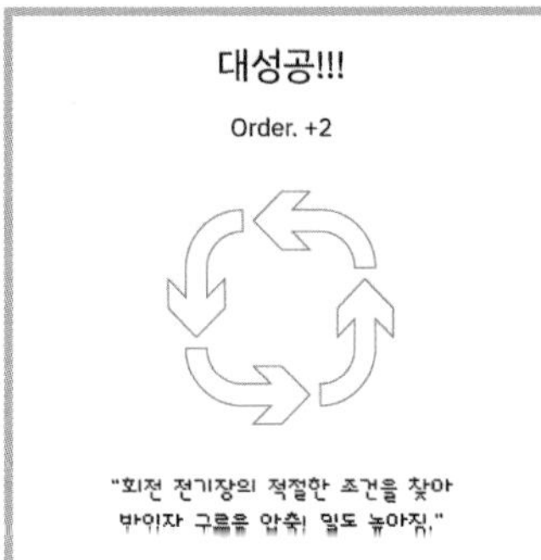

이름 대성공!
수량 2장
효과 Order. +2

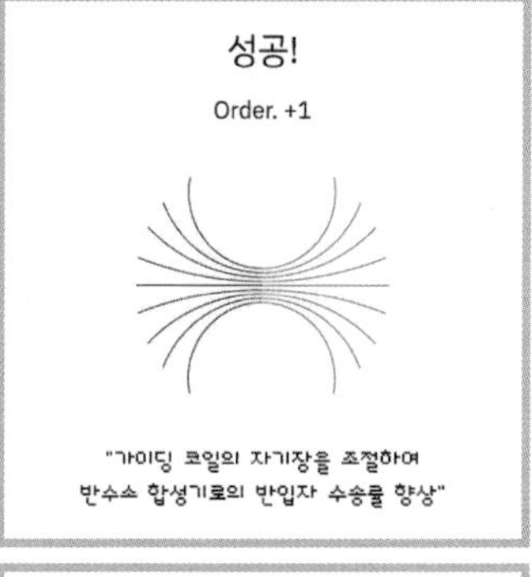

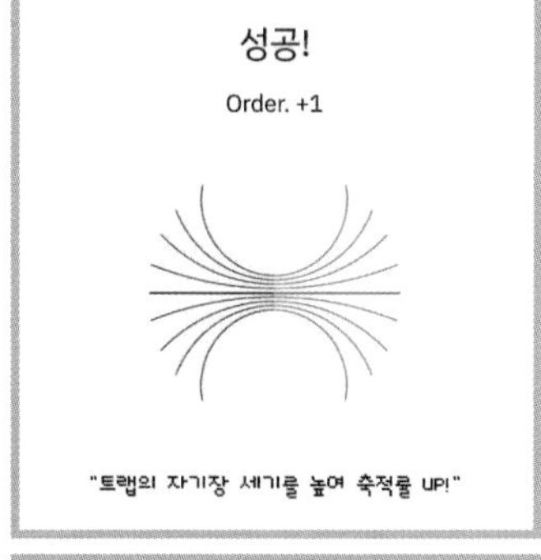

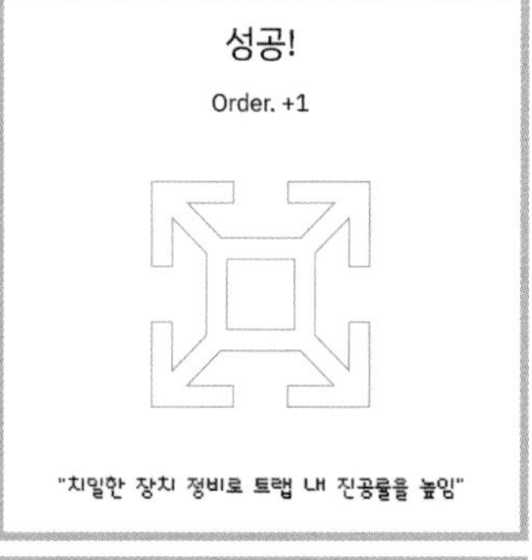

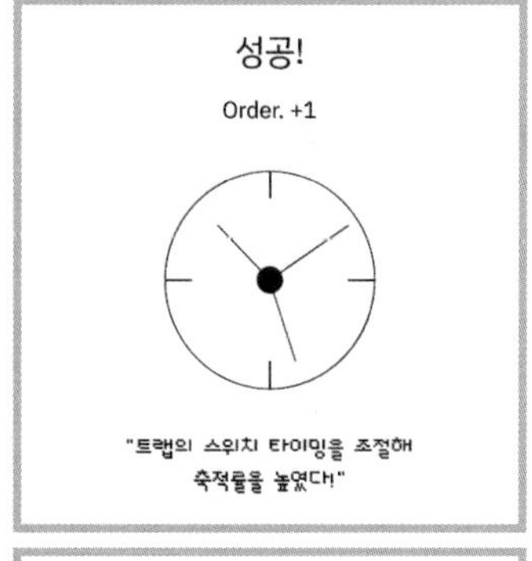

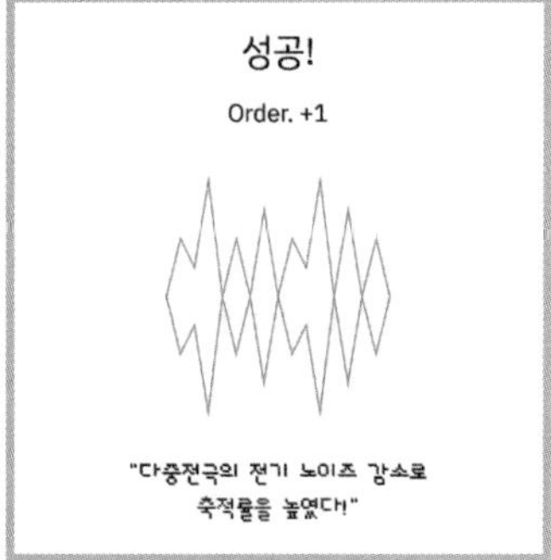

이름 성공!
수량 5장
효과 Order. +1

‘실수’ 카드의 종류

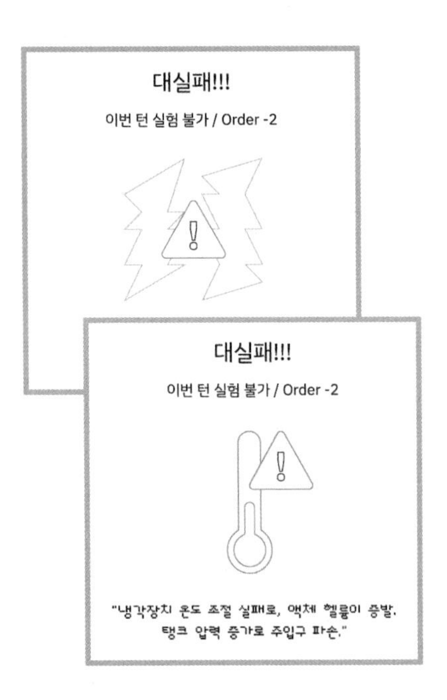

이름 대실패!!!
수량 2장
효과 이번 턴 실험 불가 / Order –2
설명 행동(액션)이 남아있어도 더이상은 같은 종류의 실험을 할 수 없습니다. 다른 종류의 실험은 할 수 있습니다.

이름 성공!
수량 1장
효과 Order +1

이름 실패!
수량 1장
효과 Order -1

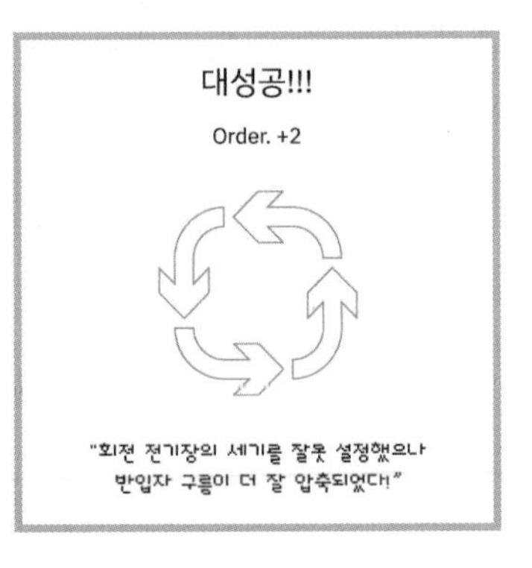

이름 대성공!!!
수량 1장
효과 Order +2
설명 실수로 대성공했습니다. 아무려면 어때요? 행운을 누리세요.

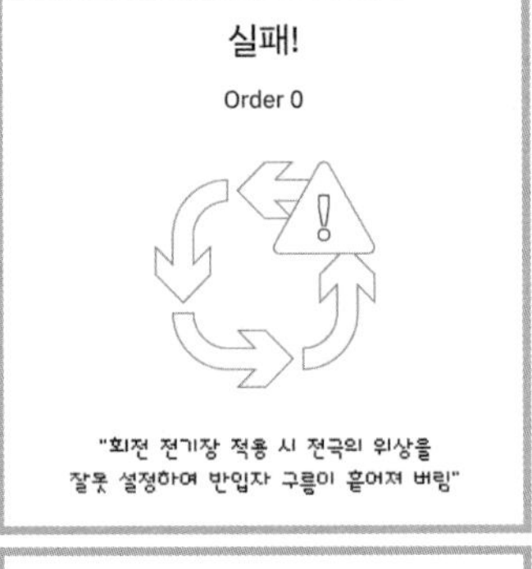

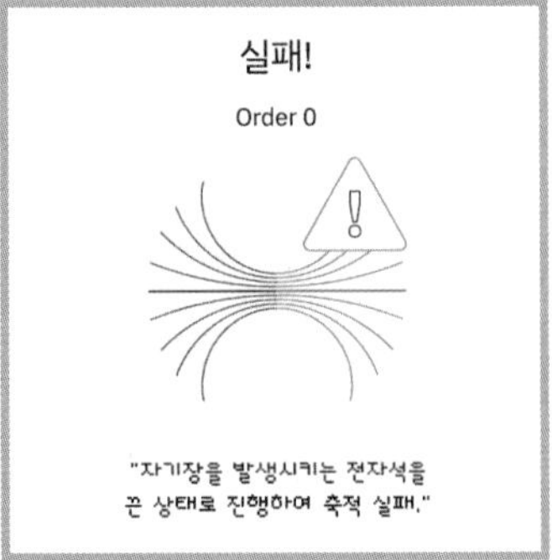

이름 실패!
수량 3
효과 Order 0
설명 실수를 했지만, 다행히 order가 줄어들지는 않았습니다.

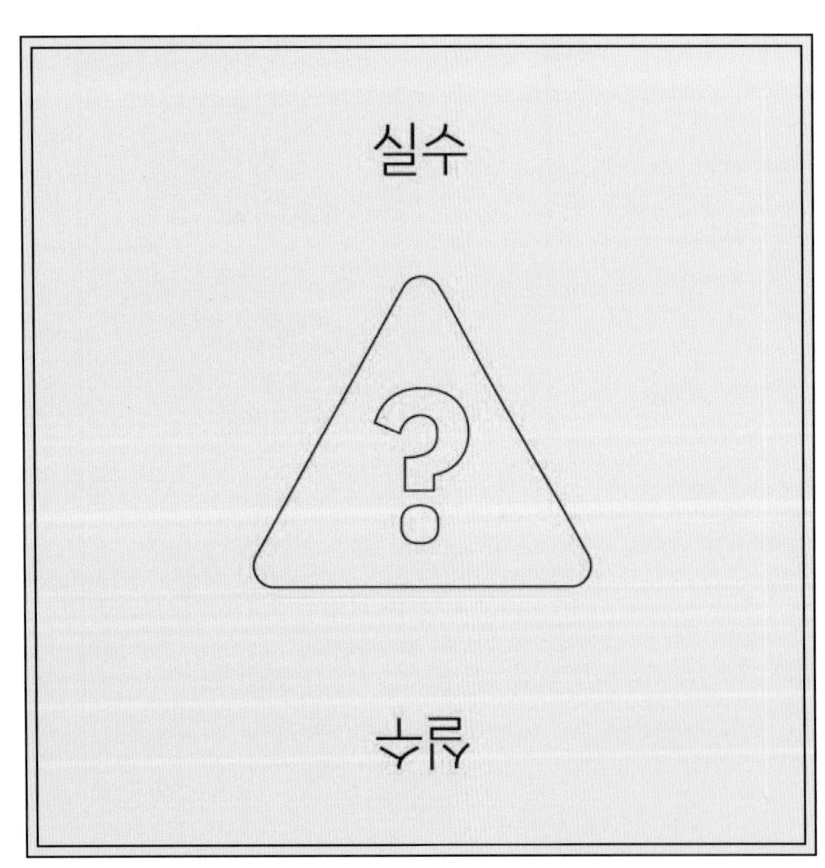

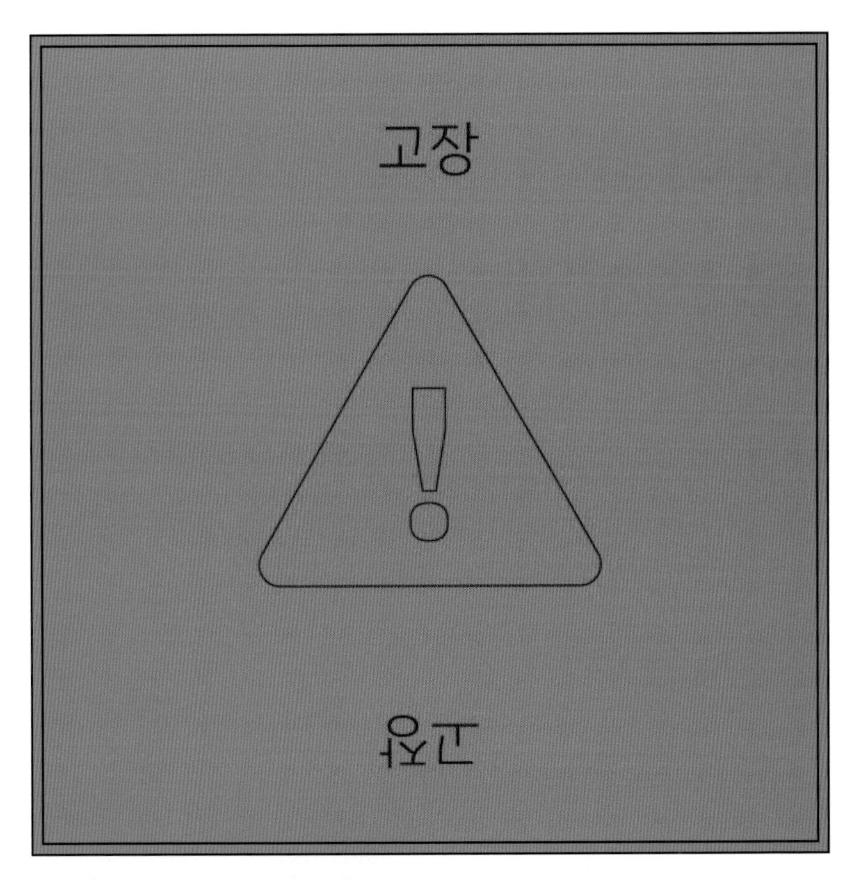

'고장' 카드의 종류

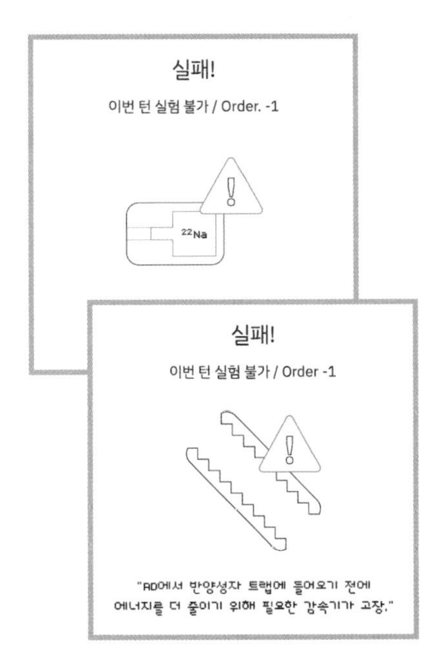

이름 실패!
수량 2장
효과 이번 턴 실험 불가 / Order –1
설명 Action이 남아있어도 더는 이 실험을 할 수 없습니다. 다른 종류의 실험도 할 수 없습니다.

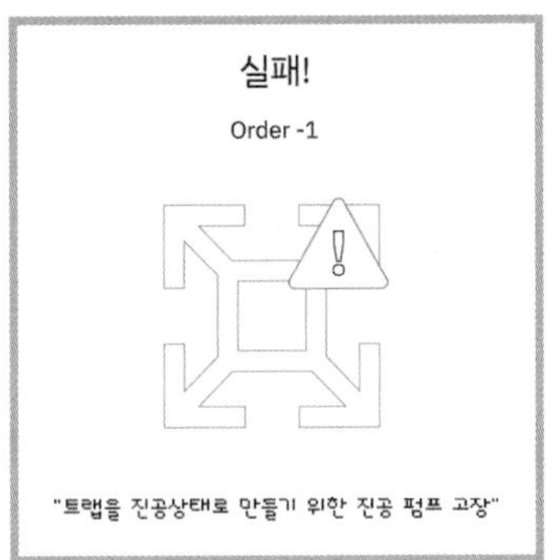

이름 실패!
수량 1장
효과 Order –1

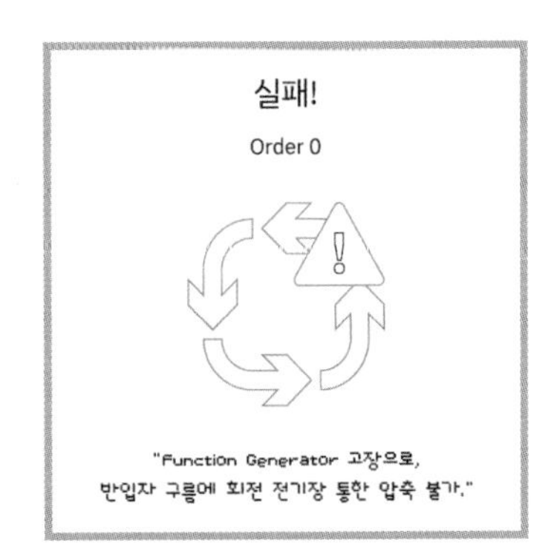

이름 실패!
수량 1장
효과 Order –1

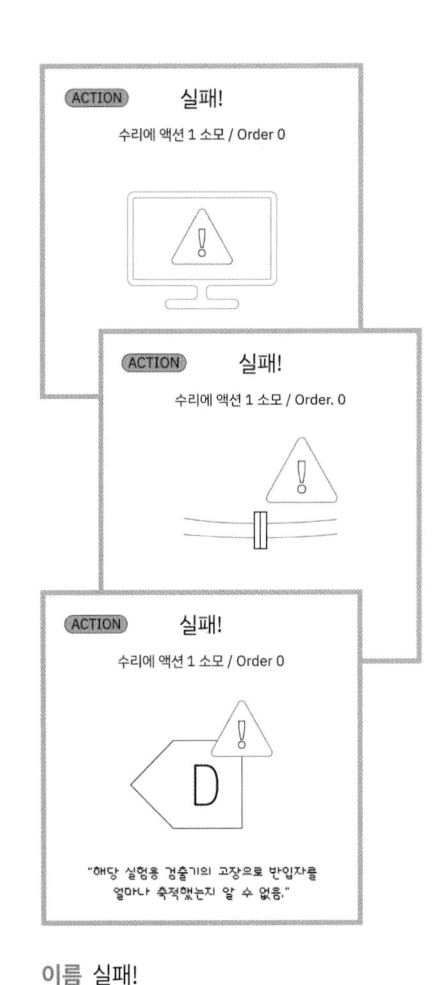

이름 실패!
수량 3장
속성 ACTION
효과 수리에 액션 1 소모 / Order 0
설명 룰렛에서 '고장'이 나오면 고장토큰을 실험설비에 올리는데, 이 카드를 뽑으면 강제로 행동 하나를 소모하여 수리를 해야만 합니다. 액션이 남아있지 않다면, 고장 토큰을 올린 채 수리하지 않고 진행합니다.

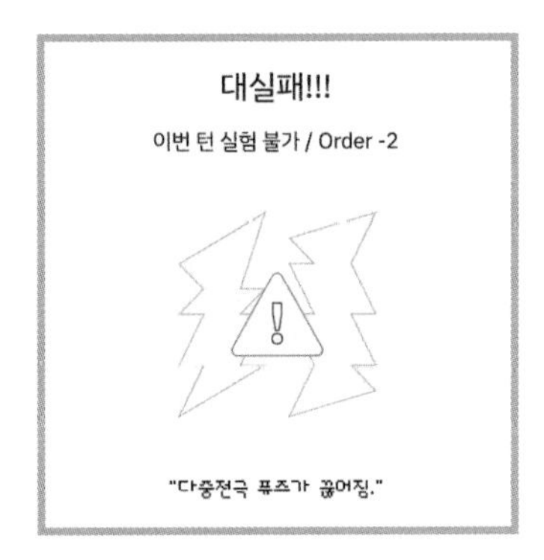

이름 대실패!
수량 1장
효과 이번 턴 실험 불가 / Order –1
설명 Action이 남아있어도 더는 이 실험을 할 수 없습니다. 다른 종류의 실험도 할 수 없습니다.

플레이어. 김범준(물리학자, 성균관대 교수), 한문정(과학교사, 과학교육학 박사),
안주현(과학교사 과학교육학 박사), 김기범(물리학 석사, 김범준 교수 제자)

과학자와 함께 플레이한 과학자 되어보기 보드게임

진짜 과학자·연구실 경험자들의 플레이 전략

과학자가 되어 연구실을 이끌어보는 이공계 연구소 보드게임. 진짜 과학자가 플레이하면 어떻게 흘러갈까? 지금도 연구 그룹을 이끌고 있는 물리학자를 포함한 네 명의 플레이어가 모였다. 이들의 게임 장면을 보면서, 몇 가지 전략도 생각해보자. 그들의 연구실 경험담도 들어보자.

《이공계 연구소 보드게임》을 플레이하기 위해 네 명의 플레이어가 모였다.
성균관대학교 물리학과 교수이며 『관계의 과학』, 『세상물정의 물리학』 저자인 물리학자 김범준 교수님, 김범준 교수님의 연구실에서 공부했던 제자 김기범 님, 학교에서 학생들을 가르치고 있는 두 분의 과학 교사 한문정 님과 안주현 님.
네 명 모두 처음 플레이해보는 초보자들이라, 첫 라운드는 이것저것 해보며 어떻게 플레이할지 감을 잡는 시간이었다. 이윽고 두 번째 라운드가 시작되었다. 이제 본격적으로 경쟁을 시작할 때이다.

뭐부터 해야 좋을지 모를 때는?

무엇부터 해야 좋을까? 게임을 처음 해보는 초보 플레이어는 무엇을 해야 유리할지 판단이 잘 서지 않을 것이다. 안주현 선생님이 인력 풀에서 인력을 데려오려다 손을 멈춘다.

주현 사실 뭐가 좋은 건지, 아직 아무것도 모르겠어요.

이때, 이전 라운드에서 가져온 아이디어카드가 손에 있는 것이 눈에 띄었다.

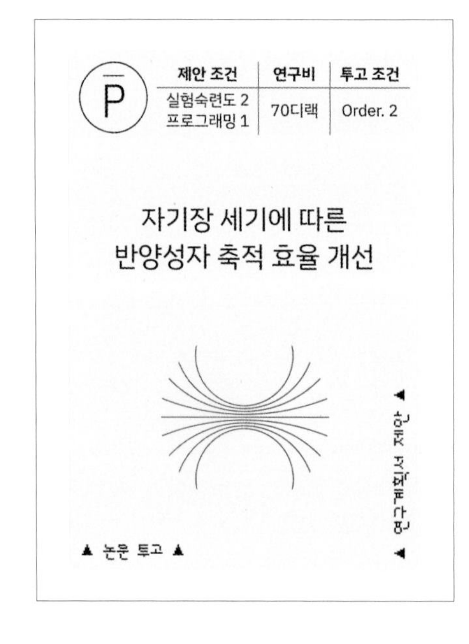

주현 아! 인력은 제 아이디어카드에 맞춰서 뽑으면 되겠네요. 뭐가 필요하지?

이 아이디어카드의 제안조건은 '실험숙련도 2, 프로그래밍 1', 연구비는 70디랙. 즉 자신의 개인보드에 실험숙련도 인력 2명(교수는 1명), 프로그래밍 인력 1명만 넣으면 연구비 70디랙을 받을 수 있다. 이 정도면 제안조건의 문턱이 낮은 편이다.

주현 그럼 전 이걸 가져가겠습니다!

안주현 선생님이 노란색 교수 1명과 빨간색 스태프 1명을 데려간다.

기범 처음에 많이 고용하면 인건비가 많이 드니까 손해겠군요.
범준 내 차례인가? (자기 아이디어카드를 슬쩍 보며) 전부 맘에 안 드는데? 하하.

아무래도 김범준 교수님의 아이디어카드는 모두 제안조건을 맞추려면 많은 인력이 필요한 카드뿐인가 보다.

TIP 초반 자금 확보
이 게임은 돈을 내야 할 때 돈이 모자라면 패배한다. 아이디어카드를 내려놓아 연구계획을 제안해서 연구비를 받아야 한다. 그러려면 제안조건을 빠르게 맞출 필요가 있다.
우선 아이디어카드를 받자. 그리고 제안조건의 문턱이 가장 낮은 카드를 찾자. 처음부터 많은 인력을 고용하면 꾸준히 나가는 인건비를 감당하기 힘들다. 적은 인력으로 여러 개의 아이디어카드를 내려놓으면 좋다.

선마커는 왔을 때 잡아라!

이번 라운드에는 한문정 선생님 앞에 선마커가 와 있다.

문정 제가 이 다중전극을 사면 반양성자 생성 실험을 할 수 있는 거죠?

다중전극 토큰 하나를 사서 보드에 끼우고, 룰렛을 돌리는 한문정 선생님. 운이 없었는지 '실수'가 나왔다. 실험결과카드 '실수' 중에서 하나를 뽑은 한문정 선생님. '대실패'가 뜨고 말았다.

범준 '실수'! 하하하
문정 '대실패'. 'order -2'라고 쓰여 있네요.
주현 아직은 오더가 0이니까 안 내려도 되네요. 좋은 거네!
범준 축하합니다, 하하. 실험을 또 할 수도 있나요?

실험에 실패하더라도, 행동할 수 있는 횟수가 남아있는 한 계속 시도할 수 있다. 한 턴에 할 수 있는 행동은 4번까지. 다시 한번 시도하는 한문정 선생님. 이번에도 '실수'가 나왔다.

주현 쉽지 않네요.
문정 ('실수' 카드를 뽑는다)어? 실수인데 성공했다고 나와 있는데요? '+1'! "다중전극에 전하값을 잘못 입력했으나 우연히 축적률이 올라갔다." 하하.
범준 '실수'라는 게 실패했다는 뜻이 아니구나!

TIP 선마커의 위치를 살피자
이번 라운드에 내가 무엇을 할지 결정할 때, 선마커의 위치도 잘 살펴보자. 양전자 생성 실험은 언제든 할 수 있지만, 다른 두 실험은 선마커가 있을 때만 할 수 있다. 선마커가 자기 앞에 왔을 때는 이 두 실험을 얼른 하는 것이 좋다. 선마커를 다음 플레이어에게 넘기고 나면 4라운드나 기다려야 하기 때문이다. 아이디어 카드가 없더라도 실험은 할 수 있으니, 실험부터 하고 나중에 연구계획서를 제안하는 방법도 좋다. 자신에게 선마커가 돌아오기 전에 필요한 설비를 미리 사 두고, 선마커를 가졌을 때 행동(액션) 4개를 모두 실험에만 쓰는 것도 좋은 작전이다.

논문 투고도 전략!

한문정 선생님이 옆으로 내려놓았던 아이디어카드 두 장을 바로 세워서, 논문 두 개를 투고한다.

문정 실수로 실험에 성공해서 투고조건을 만족시켰으니, 이제 이걸 투고할 수 있는 거죠? 그리고 이 카드도 마저 투고할게요.
기범 같은 실험의 논문을 두 개나 투고하실 필요는 없지 않나요? 분야별로 하나씩만 투고하면 이기는 거라서요.
문정 하지만 둘 중에 뭐가 게재에 성공할지 모르니까요. 둘 나 해놓으면 확률이 올라가지 않을까요?
범준 아, 주사위를 두 번 굴릴 수 있구나!

TIP 같은 분야의 논문 여러 개를 투고하면 유리할까?
연구계획서를 여러 개 제안하면 연구비를 많이 받을 수 있지만, 논문은 한 분야에 하나만 게재에 성공해도 게임에 이길 수 있다. 그렇다면 연구계획서 제안은 여러 개 하고, 논문 투고는 하나만 하면 충분하지 않을까?
그렇지 않다! 투고한 개수만큼, 한 턴에 여러 번 게재를 시도할 수 있기 때문이다. 한 논문이 게재에 실패해도 다른 논문으로 다시 도전할 기회가 있다.

특수능력 '프리패스'를 활용해 극적인 역전!

개인보드에는 각자 시작부터 가지고 있는 특수능력도 있고, 인력 칸을 모두 채워서 얻게 되는 특수능력도 있다. 이런 특수능력 중에는 게임 전체에서 한 번밖에 쓸 수 없는 것도 있다. 언제, 어떻게 쓰는 것이 가장 좋을까?
지난 라운드에 양자물리학 인력을 모두 채워, 특수능력 '논문 1건 프리패스'를 얻은 안주현 선생님. 투고했던 논문의 게재 여부를 판정하려 한다. 주사위를 던져 4, 5, 6이 나오면 게재에 성공한다.

주현 여러분, 제가 주사위를 던질 때가 됐습니다. 하하하.
기범 지금 '논문 1건 프리패스'가 있어서 굳이 안 던지시고 바로 게재하셔도 돼요.
주현 어? 그러네요? 앗, 잠깐! 주사위를 일단 던져보고 실패하면 프리패스를 쓸게요.

문정 이거 게임 전체에서 딱 한 번 쓸 수 있는 능력이죠?
주현 자, 굴립니다. 성공! 그럼 저 먼저 게재했습니다, 여러분!

논문 게재에 성공한 안주현 선생님이 아이디어카드 하나를 더 '투고' 상태로 만들려고 한다. 개인보드를 보니 '실험숙련도' 칸도 가득 차서 특수능력 '실험레벨 +1'이 생겼다. 이 능력은 룰렛에서 성공 확률을 높여준다.

주현 저 레벨2에요. 투고 조건을 맞추기 위해 실험을 하겠습니다. (안주현 선생님이 룰렛을 돌린다) 성공! 오더 +2! 그러면 오더를 높이고, 투고를 할 수가 있어요! 방금 투고한 얘한테 '프리패스'를 쓸게요!
문정 한 번에 논문 두 개가 게재됐네.
범준 와! 갑자기. 잘하시네.
주현 행동 하나가 남았어요. 지금 필요한 것은 뭘까요? 아, 이 카드를 또 투고할 수 있네요!

TIP 특수능력은 전략적으로, 하지만 과감하게 사용하자.
개인보드의 '양자물리학' 칸에 인력을 가득 채우면, 논문을 주사위 굴림 없이 즉시 통과시킬 수 있는 특수능력이 생긴다. 이 특수능력은 게임 전체에서 단 한 번 사용할 수 있기에, 아껴두었다가 결정적인 순간에 쓰고 싶을 것이다. 하지만 그러다가 게임이 끝날 때까지 사용하지 않게 되는 아까운 상황이 벌어질 수도 있다. 효율적으로, 하지만 과감하게 사용하는 것이 좋다.
안주현 선생님은 이 특수능력을 곧장 사용하지 않고, 우선은 주사위를 굴려본 뒤 실패하면 그때 특수능력을 사용하기로 했다. 다행히 주사위 굴림에 성공했고, 특수능력을 쓸 논문 하나를 새로 투고했다.
이 두 번째 논문을 투고할 때는 다른 특수능력을 사용했다. 투고조건을 맞추기 위해 실험을 더 해야 했는데, 이때 특수능력 '실험레벨 +1'을 사용했다. 이 특수능력은 실험숙련도 칸을 다 채우면 얻는데, 룰렛 성공 확률을 높여준다.
특수능력을 적절히 사용하여, 단 한 턴에 논문 두 개를 게재하고 마지막 세 번째 논문까지 투고상태까지 진행했다. 다음 턴에서 이 논문의 게재에 성공하여 게임은 안주현 선생님이 승리하게 된다.

INTERVIEW

"연구 그룹을 이끄는 교수들의 현실적인 고민이 잘 묘사되어 있었다."

김범준
성균관대학교 물리학과 교수,
『관계의 과학』,
『세상물정의 물리학』 저자.

게임을 실제 연구 활동과 비교해보니 어떠신가요?
교수로서 연구 그룹을 이끌다 보면 고민해야 할 것이 많거든요. 연구비를 마련해야 하고, 인건비도 지출해야 하고요. 사실 그룹을 이끌면서 가장 많이 고민하고 걱정되는 것이, '그룹 구성원들의 인건비를 어떻게 마련할까?'이거든요. 그런 점이 굉장히 현실적으로 담긴 게임이어서 흥미로웠어요.
실제 연구 현장에서의 연구는 단계적으로 진행됩니다. 이 게임에서도 먼저 양전자 실험에 성공해야 하고, 그다음에는 반양성자를 만들어내는 실험에 성공해야 하고, 마지막으로 양전자와 반양성자를 합해서 반물질 수소를 만들도록 구성이 되어 있어요. 실제로도 앞선 연구성과를 합해야만 또 다른 성과를 거둘 수 있는 경우가 정말 많아요.
큰 연구들이 구성 성분으로 나누어져 있다는 것, 그리고 각각의 성공이 모여야만 큰 프로젝트의 성공을 이룰 수 있다는 것을 젊은 학생들도 미리 경험하는 아주 유용한 보드게임이라고 생각합니다.

실제 하시는 일과 많이 닮았나요?
하하, 사실 게임의 소재인 반물질은 제가 하는 연구 분야와는 상관이 없어요. 하지만 거대 프로젝트에 참여하는 과학자들이 현장에서 어떤 고민을 하고 있을지, 그리고 다른 팀과의 경쟁하며 이뤄지는 연구가 어떤 분위기일지 등을 간접적으로 경험할 수 있어서 굉장히 흥미로웠습니다.

제자분과 같이 플레이하셨는데, 더 결과가 나쁘셨다고 하던데요?
제 그룹에 있었던 김기범 님과 오늘 같이 플레이했어요. 그런데 좀 충격적이었던 것이, 기범 님이 논문을 쓴 다음에 구성원들을 다 해고하시더라고요? '혹시 나한테 배운 것은 아닐까?' 하는 생각이 들었는데, 저는 안 그랬었거든요? 기범 님의 인성을 볼 수 있는 기회이기도 했습니다. 하하.

“과학 연구에 필요한 조건과, 실패도 과학의 중요한 과정임을 알게 해 준다.”

안주현 서울 중동고 과학교사, 과학교육학 박사. 유전발생학 연구실 출신 초파리 연구자

우승 축하드립니다.

감사합니다. 저 논문 세 편을 썼어요! 제목도 모르지만, 게재에 성공했습니다.

연구실 생활이 많이 생각나시던가요?

실험 조건을 갖춰도, 그것이 곧 성공을 의미하지는 않음을 여러 번 경험했어요. 연구 논문이 나오기까지 많은 것이 맞아떨어져야 해요. 아이디어, 사람, 기술, 장비, 연구비…. 심지어 운까지! 게임에도 그런 점이 반영되어서 추억이 새록새록 했습니다.

학생들과 플레이해본다면?

과학적인 용어, 이과 감성의 용어가 많이 나와서 몰입도가 꽤 있을 것 같아요. 과학은 어렵다고들 하는데, 좀 더 친밀하게 다가갈 방법을 요즘 많이들 고민합니다. 대중과학의 여러 방법 중에서도 이런 보드게임은 훨씬 그 더 장벽을 낮춰줄 방법이 아닐까 생각해요.

“대학원 시절의 모습이 그대로 떠오른다.”

김기범 회사원, 통계물리학 석사. 김범준 교수 제자

플레이하시면서, 예전 랩 생활이 떠오르기도 하셨나요?

주제가 대학원 생활이다 보니까 제가 예전 대학원에서 있었던 일이 생각났어요. 정글 같았던 그런 모습이 그대로 재연되는 것 같아서 현실과 되게 유사하다는 생각을 많이 했습니다, 하하. 그래도 권력자(?)로서 플레이해서 재미있는 시간이 되었었던 것 같습니다.

같이 플레이하신 분 중에 권력자가 한 분 계시지 않았나요?

오늘 함께한 김범준 교수님께서 제 지도교수님이신데, 안 좋은 카드만 나왔을 때 다 저만 가리키시더라고요. 하지만 그랬는데도 제가 더 잘했으니까 만족스럽습니다. 하하.

“학생들이 궁금해하는 과학 연구 과정을 간접적으로 체험해 볼 수 있었다.”

한문정 서울사대부여중 과학교사, 과학교육학 박사

학생들은 과학이 이루어지는 과정, 실제 그것이 대학에서 연구되는 과정에 내해서 궁금해하지만 실제로 경험할 기회가 흔치 않죠. 대학원 이상 가야 연구실 분위기를 알 수 있어요. 그런 학생들한테 간접 경험으로 실제 대학원 생활이나 연구가 어떻게 이루어지는지를 알 수 있는 좋은 기회가 될 것 같아요. 그런데 요즘 아이들은 오히려 어른인 저보다 게임의 규칙을 빨리, 본능적으로 캐치를 잘하더라고요. 룰을 다 이해한 다음에 하는 게 아니라, 그냥 게임을 하면서 익혀가는 게 가장 빠른 방법이더라고요. 학생들도 충분히 즐겁게 참여할 수 있을 것 같습니다.

인상적인 장면이라면?

오늘 게임에서도 논문 하나 투고하기까지 너무 힘든 거예요. 하하. 저는 계속 실험이 실패하고 그랬거든요. 투고도, 왜 그 주사위가 안 나와서… 하하.

사진. 사단법인 변화를 꿈꾸는 과학기술인 네트워크(ESC)
글. 김찬현(사단법인 변화를 꿈꾸는 과학기술인 네트워크 대표)

〈이공계 연구소 보드게임〉을 만든 사람들

과학자, 보드게임을 만들다!

〈이공계 연구소 보드게임〉은 변화를 꿈꾸는 과학기술인 네트워크(ESC)에서 기획한 게임이다. ESC는 '더 나은 과학과 더 나은 사회를 함께 추구'하는 과학기술인 단체를 표방한다. 여러 과학자, 공학자 외에도 다양한 사람들이 함께하고 있다. ESC에 대해, 그리고 보드게임의 기획에 대해 들어보자.

ESC를 소개합니다!

사단법인 변화를 꿈꾸는 과학기술인 네트워크(영문 명칭 Engineers and Scientists for Change, 이하 약칭 ESC)는 '더 나은 과학과 더 나은 사회를 함께 추구한다'라는 선언에 공감하는 시민들이 모인 과학기술 단체입니다. 시민 누구나 참여 가능하며, 2022년 현재 과학자, 공학자, 기술자, 과학기술학자, 과학기술정책 연구자, 과학교사, 과학 커뮤니케이터, 기업인, 작가, 언론인, 방송인 등 다양한 시민 520여 명이 함께하고 있습니다.
ESC 하면 컴퓨터 자판 맨 왼쪽 위에 있는 ESC(Escape) 키가 떠오르실 텐데요. 멋진 미래를 설계하기 위해 기존의 틀에서 벗어나 새로운 방식과 생각으로 접근하자는 중의적인 의미를 담고 있습니다. 이러한 ESC의 생각이 반영된 활동을 몇 가지 소개합니다.
한국 사회에서는 산업화 이래 과학기술을 경제 발전 수단으로 보는 관점이 일반적인데요, 1960년대 이래 내려오는 헌법 제9장(경제) 중 '국가는 과학기술의 혁신과 정보 및 인력의 개발을 통하여 국민경제의 발전에 노력하여야 한다.'에서도 선명히 드러납니다. 여기에는 학술 활동 및 시민의 핵심 교양으로서 과학기술의 다양한 가치를 포괄하지 못하는 한계가 있습니다. 이런 문제의식에서 ESC는 과학기술 관련 헌법 연구, 법학자 등 각계각층 인사와 함께 세미나와 포럼을 진행했습니다. 그리고 헌법에서 과학기술의 혁신을 경제발전의 수단으로 명시한 부분을 삭제하고 학술 활동과 기초 연구 장려에 관한 국가의 의무를

두자는 개헌안을 제안했고, 시민 1천여 명의 서명을 받아 국회와 정부에 제출했습니다. 아울러 과학기술과 시민사회를 연결하는 활동을 다양하게 전개해왔습니다. 사회적으로 가치가 있지만 국가나 기업의 지원을 받기 어려운 연구를 지원하는 크라우드펀딩을 기획 추진했고, 반과학 정책에 반대하는 운동인 '함께하는 과학행진(March for Science)'을 주도하였으며, 기후위기 비상행동의 주요 연대 단체로서 참여하고 있습니다.
과학기술의 자유로운 문화와 합리적인 사유 방식을 한국 사회에 뿌리내리기 위한 과학 문화 및 교육 활동에도 적극적입니다. 과학문화위원회에서는 북콘서트 강연은 물론 '어른이 실험실 탐험' 등 다양한 과학 체험 프로그램을 꾸준히 제공하고 있고요. 과학교육위원회에서는 ESC 내의 과학 교육자들을 중심으로 정기 과학교육 세미나, 과학 커뮤니케이터 교육, 청소년 연구지원 활동, 지역 사회 과학교육 봉사 등을 진행해왔습니다.
ESC는 헌법 제11조에서 이야기하는 평등과 다양성에 대한 존중을 중요한 가치로 삼고 있습니다. 젠더·다양성위원회에서는 임신부 연구자 실태조사를 진행하고 임신부에게 맞는 실험복 증정 캠페인을 진행했습니다. 청년위원회(현 학생위원회)에서는 대학원생 인권 개선을 위한 포럼, 세미나 및 대학원 연구 현장의 일상을 담은 보드게임 〈내 연구실을 소개합니다〉를 제작하여 배포하기도 했습니다. 〈이공계 연구소 보드게임〉의 전작이라고 볼 수 있겠네요.
ESC는 과학기술 문화 및 교육 활동, 과학기술을 통해 지속가능한 미래를 설계하는 다양한 연구 활동, 과학이 시민의 공공재가 될 수 있도록 촉진하는 대안적인 과학기술 활동, 과학기술인의 연구환경 개선을 위한 정책 연구 및 제언을 계속해 나가려 합니다. 관심 있는 시민은 누구나 참여 가능합니다. ESC의 문을 두드려 주세요(홈페이지: esckorea.org, 사무국 메일: office@esckorea.org).

〈이공계 연구소 보드게임〉의 시작

〈이공계 연구소 보드게임〉은 ESC의 보드게임 프로젝트 2호에 해당합니다. 1호는 2017년 ESC 청년위원회의 〈내 연구실을 소개합니다(약칭 내연소)〉 보드게임이었는데요. 이공계 대학원생이 연구실에서 겪는 일상의 다양한 경험을 보드게임으로 풀어낸 첫 시도였습니다. 〈내연소〉는 함께 만들어가는 과정과 메시지의 전달에 초점이 맞춰져 있었습니다. 주로 연구실 경험이 있는 연구원이나 대학원생이 공감을 나누기에 좋은 소재였고요. 플레이를 하면서 연구실을 둘러싼 구조적인 문제에 대해 고민해보고 자연스럽게 이야기를 나누게 되는 사회적 의미를 지닌 보드게임이었죠.
하지만 플레이어로 보편적인 대학원생을 상정했기 때문에, 구체적인 상황 묘사가 아쉬웠습니다. 과학기술 분야의 연구실은 정말 다양합니다. 물리 전공자가 화학과 생물을 잘 모르고, 유사한 분야 안에서도 세부적인 연구 주제로 들어가면 각자 처한 환경과 다루는 내용이 생소합니다. 〈내연소〉 개발 과정에 참여했던 분들의 의견을 듣는 과정에서도 고민에 빠졌습니다. 다음 버전을 만든다면 다양한 연구 분야를 조금씩 담는 것이 좋을까, 하나에 집중하는지 좋을지를요. 결국 양질의 콘텐츠를 만들기 위해서는 제작자 자신이 가장 잘 아는 분야에 대해서 담아야 한다는 쪽으로 생각이 굳혀졌습니다. 그렇게 ESC

과학문화위원회에서 보드게임 2호의 기획이 시작됩니다.

실제 연구 경험이 게임의 모티브

저는 유럽핵입자물리연구소(CERN)에서 이루어지고 있던 한 연구 프로젝트에 2009년부터 2011년까지 대학원생 스태프로 참여했습니다. 반양성자감속기(AD, Antiproton Decelerator) 시설에서 진행된 반수소 원자 합성 연구였는데요. 당시 해당 연구 시설에서 이루어진 프로젝트에 직접 참여한 사람 중 한국인은 기의 없었던 기억이 납니다. 게임에서는 다소 픽션도 가미되어 있지만, 대부분의 요소가 실제 연구에 관련된 경험에서 차용되었어요.
CERN의 존재를 아는 과학 애호가들 사이에서 가장 유명한 시설은 거대강입자충돌기(Large Hardron Collider, LHC)입니다. '신의 입자'라는 별명을 가진 힉스 입자의 존재를 입증하는 데 핵심적인 역할을 한 시설이죠. 댄 브라운의 소설 『천사와 악마』의 동명 영화에서도 반물질 '폭탄'을 합성하는 시설의 모티브가 되기도 했죠. 그러나 실제로 반물질을 합성 연구가 이루어진 시설은 반물질 공장(Antimatter Factory)이라고도 불리는 AD랍니다. 보통의 물질과 만나면 빛이 되어 쌍소멸해 버리는 반물질을 만들고 축적하는 건 보통 일이 아닌데요. 이처럼 신기한 현상이 이루어지는 시설에 대한 궁금증을, 이 보드게임을 통해 해소하실 수 있을 거예요.
오늘날의 과학 연구는 프로젝트 팀에 여러 연구자가 공동 참여하여 성과를 내는 경우가 많습니다. 여러 팀이 유사한 주제의 연구로를 놓고 협력과 경쟁을 동시에 해야 하기도 합니다. 이 과정에서 연구 주제 자체에 대한 탐구 뿐만 아니라 팀으로서 함께 일하기 위한 경영적인 의사결정도 필수적으로 수반될 수밖에 없습니다. 보드게임의 요소를 구성할 때, 이런 과학 연구 현장을 더 많은 사람이 간접 체험해볼 수 있는 기회를 제공하기 위해 신경을 많이 썼습니다.

개발에 참여한 사람들

이같은 고민을 보드게임에 녹여 낼 수 있었던 데에는 보드게임 기획자 남현경 님과의 만남이 지대한 역할을 했습니다. 현실의 요소를 재구성, 게임화하여 유익함과 동시에 재미와 즐거움을 느낄 수 있도록 설계한 일은 대부분 현경 님의 기획력으로 해냈습니다. 특히 여러 복합적인 요소들이 균형 있게 어우러지도록 게임 진행 룰을 치밀하게 짜주셨고요. 게임에 더 몰입하게 하기 위한 장치들을 적절한 곳에 배치해주셨습니다. 게임에 등장하는 과학적인 설명에 대해 더 대중적인 관점에서 풀어낼 수 있도록 해주신 피드백 또한 많이 반영되었습니다.
게임 콘셉트에 딱 알맞은 디자인을 해주신 햇빛스튜디오의 박철희 디자이너께도 깊은 감사의 말씀 드립니다. 디자인 작업 과정에서 생소한 시설, 실험 장치의 모양과 명칭에 대해 주의 깊게 들어주셨고, 최대한 기획자 측의 의도를 반영해주셨습니다. 그 결과 앞 세대에게는 비디오 콘솔 게임의 추억을, 뒷 세대에게는 호기심을 불러일으킬 만한 '뉴레트로' 느낌이었으면 좋겠다는 이야기가 그대로 구현이 되었고요. 컬러풀하고 귀여운 실험 장치에서 특유의 오밀조밀한 재미를 느끼며 즐겁게 플레이할 수 있게 되었습니다.
'이공계 연구실 보드게임'이 나오기까지, 초기에는 전체 콘셉트에 대한 방향성 전환도 여러 번 있었고, 마지막까지 플레이 규칙과 요소에 대한 변경도 끊임없이 있었습니다. 한 분 한 분 이름을 언급해 드리지 못해 죄송하지만, 많은 ESC 회원 분들이 플레이어로 체험해보고 주신 의견이 큰 도움이 되었습니다. 그 모든 분께 진심으로 감사드립니다.

이공계 연구소 보드게임 요 약 규 칙

이 게임의 규칙을 요약한 것입니다. 더 자세히 알고 싶다면 36쪽의 규칙 안내를 참고하세요.

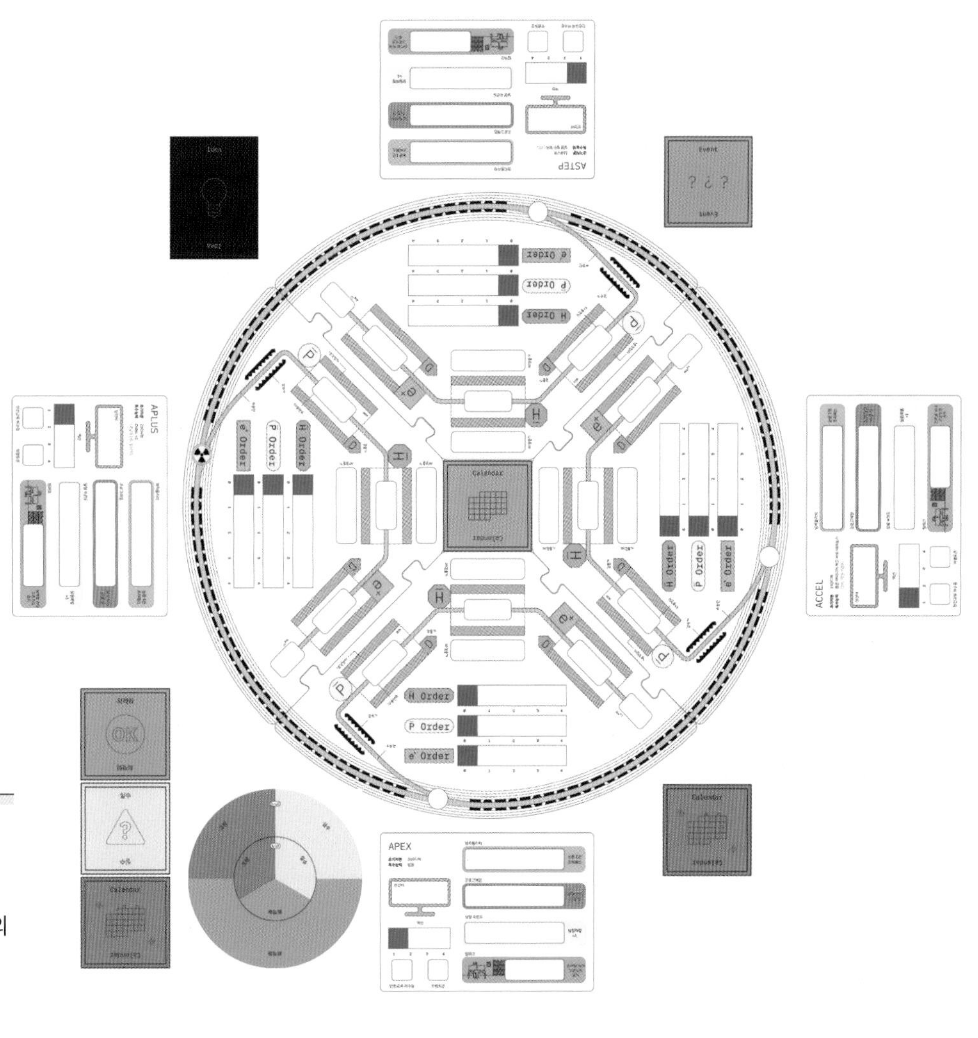

게임의 성격, 승리조건

이 게임은 플레이어가 과학자가 되어, 자신의 연구실을 이끄는 경영 시뮬레이션 게임입니다. 게임 속에서 플레이어는 자신의 연구실을 운영하는 과학자가 됩니다. 연구 아이디어를 제안하고, 연구에 필요한 실험 설비를 구매하고 인력을 고용해 실험을 실시하여 논문을 학술지에 게재합니다. 총 세 종류의 논문을 학술지에 게재하는 데 먼저 성공하면 승리합니다.

게임의 목표

- **승리 조건:** '양전자', '반양성자', '반물질' 각각에 관한 논문 1개씩, 총 3개를 학술지에 게재.
- **패배 조건:** 연구비 부족으로 파산.
- **대상:** 14세 이상
- **인원:** 2~4인
- **플레이 시간:** 약 2시간

게임 준비: 게임 기물 배치

1. 전체보드 준비:
전체보드를 원형으로 붙입니다.
그리고 각 플레이어는 네 개의 전체보드 조각 중 자신의 앞에 놓인 것을 자신의 것으로 정합니다.

2. 각자 개인보드 1개와 초기자본을 받습니다.
개인보드 준비: 각 플레이어는 개인보드를 하나씩 받아 자기 앞에 놓습니다. 개인보드 네 개를 엎어 둔 다음, 각자 하나씩 가져갑니다.
초기자본 받기: 각자 개인보드에 쓰인 '초기자본'을 받습니다. 각 플레이어의 개인보드에는 '초기자본'과 '특수능력'이 적혀 있습니다.

'차례에 하는 일' 카드 받기: 이 카드에는 각자 자기 차례(턴)에 할 수 있는 행동들이 적혀있습니다. 게임 중 보면서 참고하세요.

차례에 하는 일 (4액션)

- ◇ 아이디어카드 한 장 뽑기
- ◇ 아이디어카드 한 장 내려놓기
- ◇ 실험 한 번 하기
- ◇ 논문 투고하기
- ◇ 사람 한 명 고용하기
- ◇ 장비 한 개 구입하기
- ◇ 이벤트카드 한 장 뽑기
- ◇ 고장난 장비 한 개 고치기

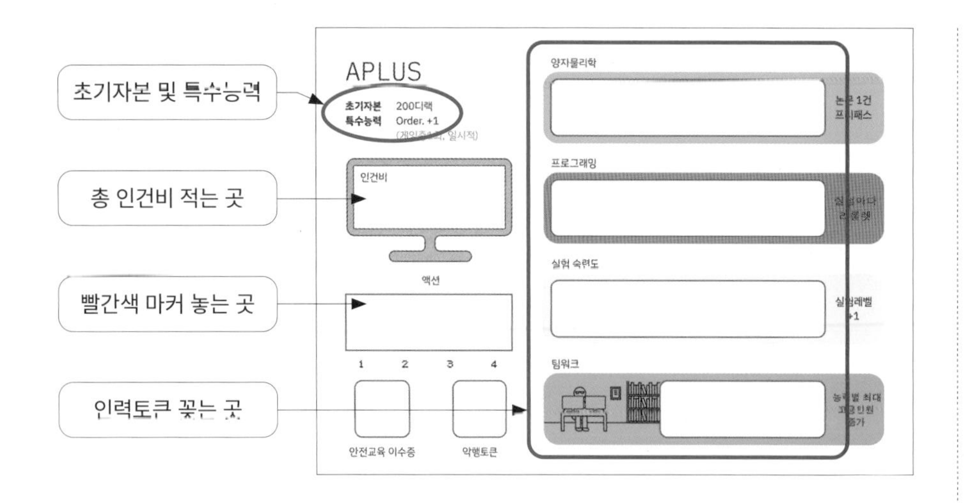

3. 빨간 육면체로 된 마커 4개를 전체보드의 각 오더와 개인보드의 액션 칸에 하나씩 놓습니다.

플레이어마다 빨간 큐브 4개씩을 배치합니다. 개인보드의 '액션' 칸의 '1'에도 빨간 큐브를 하나씩 놓습니다. 각 플레이어는 자기 차례에 행동(액션)을 할 때, 몇 개까지 액션을 취했는지 표시할 때 씁니다.

4. 파란색 전체이벤트카드를 잘 섞어 전체보드의 가운데에 엎어 둡니다.

난이도를 쉽게 플레이하고 싶다면, 이 전체이벤트 중 '연구계획서 제안시기'는 모두 빼고 진행하세요. 난이도를 어렵게 플레이하고 싶다면, '연구계획서 제안시기' 카드를 섞어넣어서 진행하세요.

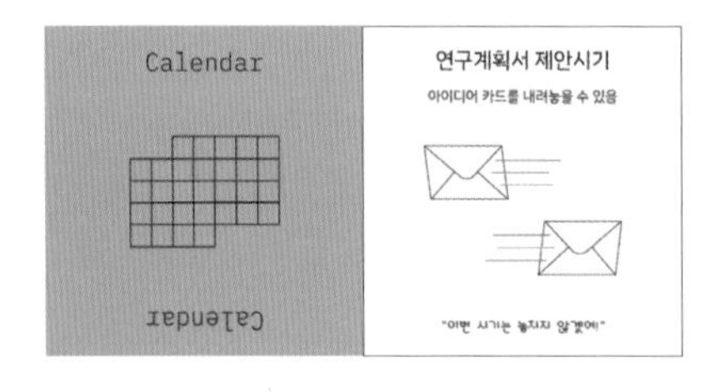

5. 다른 카드들(아이디어카드, 실험결과카드 3종, 빌런카드, 개인이벤트카드)은 잘 섞어 전체보드 근처에 둡니다.

전체이벤트 카드는 전체보드 가운데에 있는 사각형의 빈자리에 엎어서 놓습니다. 다른 카드들(아이디어카드, 실험결과카드 3종, 빌런카드, 개인이벤트카드)은 종류별로 잘 정리해서 전체보드 근처 적당한 곳에 엎어서 놓습니다.

6. 선마커(노란색 원기둥 나무 블록)를 제일 먼저 시작할 사람의 전체보드에 끼웁니다.

어느 플레이어가 '선 플레이어(라운드가 시작될 때 가장 먼저 자기 차례가 돌아오는 플레이어)'가 될지 정합니다. '선마커'를 그 플레이어의 전체보드판에 놓습니다.

7. 주머니에 인력토큰을 모두 넣어 섞습니다.

인력 토큰을 섞어서 검은색 주머니(인력주머니)에 모두 넣습니다. 나머지 토큰들 및 동전은 종류별로 잘 모아서 근처에 두도록 합니다.

라운드 준비

1. 전체이벤트카드를 한 장 뒤집어서 맨 위에 올려둡니다.

이 전체이벤트카드는 이번 라운드에 플레이어 모두에게 적용되는 '현새의 상황'입니다.

2. 선플레이어가 인력주머니에서 플레이어수+3명 만큼 인력 토큰을 꺼냅니다.

이때 주머니 속을 보지 않고 뽑습니다. 꺼낸 인력은 게임판 주변 적당한 곳에 잘 모아둡니다. 이곳은 '인력 풀'입니다.

3. 나머지 플레이어들이 원하는 인력 토큰을 하나씩 데려옵니다.

선플레이어어의 오른쪽 사람(꼴찌 순서)부터 오른쪽 방향으로, 위에서 뽑혀 나온 인력 중에서 하나씩 골라 데려옵니다. 데려온 인력은 각자 자기 개인보드의 같은 색의 능력치칸에 끼웁니다. 원하지 않으면 패스할 수 있습니다.
'팀워크(녹색)' 칸에 있는 인력보다 많은 인력을 다른 색깔 능력치 칸에 끼울 수 없습니다.
대학원생은 어떤 색깔에도 끼울 수 있으나, 반드시 교수가 이미 한 명 이상 있는 능력치 칸에 끼워야 합니다. 한 명의 교수가 여러 명의 대학원생을 학생으로 데리고 있을 수 있습니다.
남은 인력 토큰은 인력 풀에 모아둡니다. 주머니 속에 다시 넣지 않습니다.
능력치 칸에 인력이 가득 찼다면, 각 능력치 칸의 오른쪽에 쓰인 특수능력을 획득합니다.

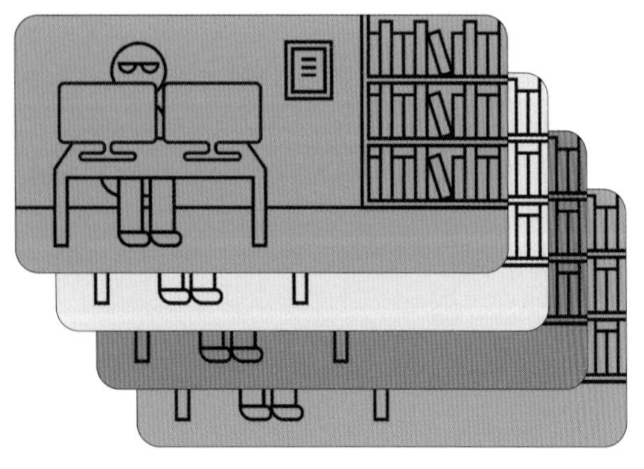

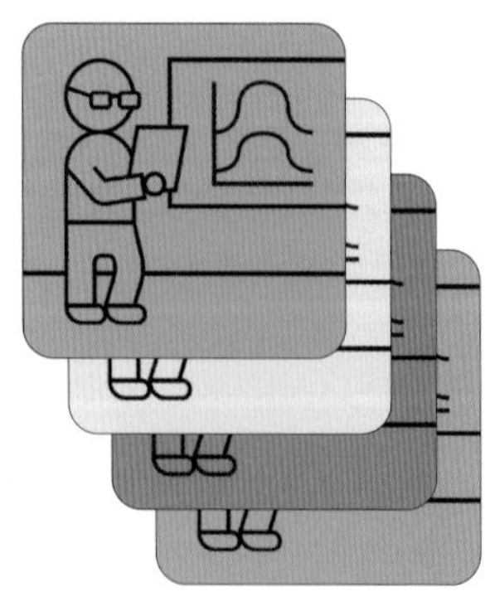

인력토큰. 오른쪽부터 교수, 스태프, 포닥, 대학원생입니다. 대학원생은 어떤 색깔에도 끼울 수 있다.

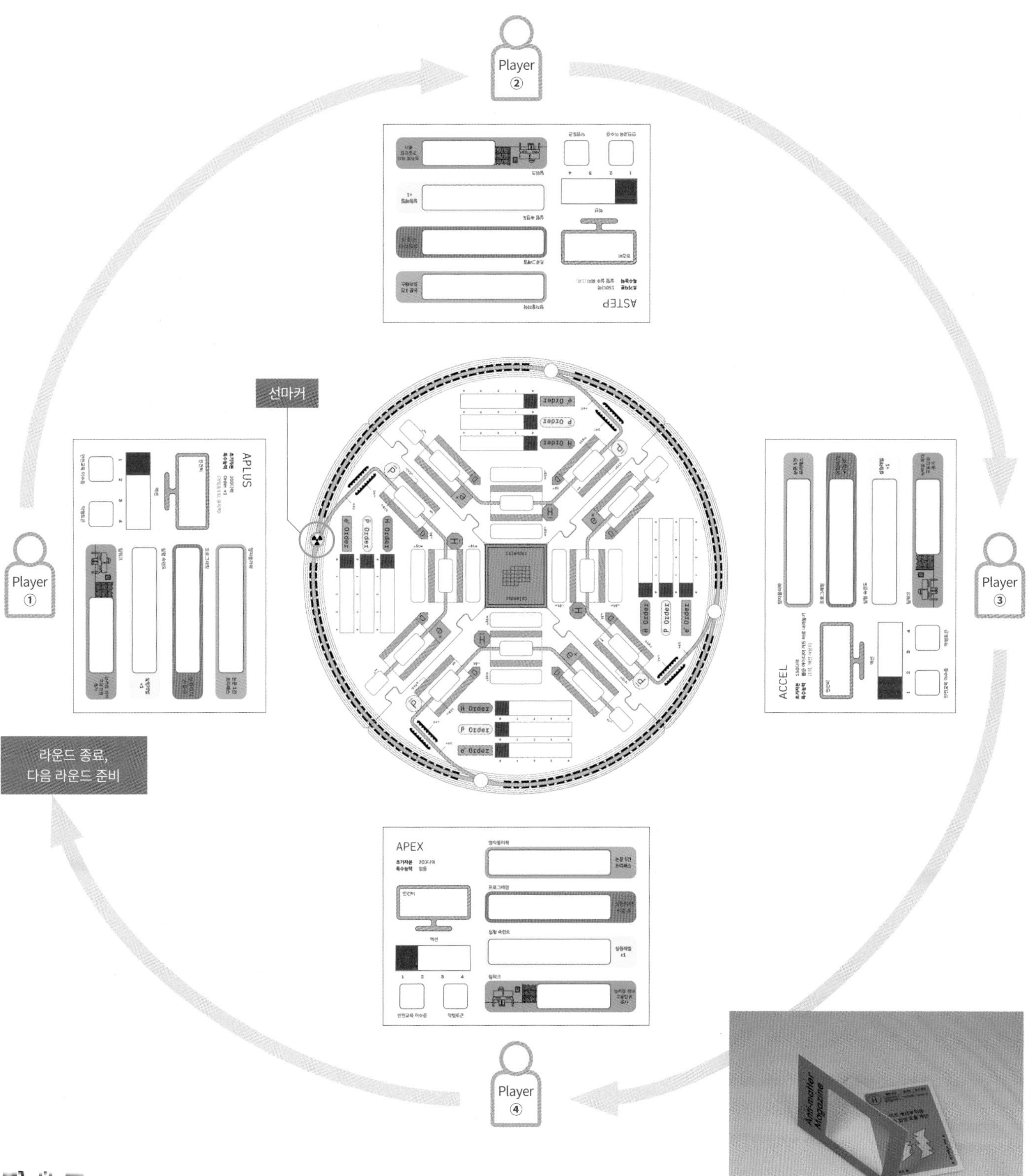

라운드

각 라운드 당, 플레이어들은 돌아가면서 자기 차례(턴)에 행동을 합니다.

1. 차례(턴) 돌아가는 순서: 선마커를 가진 사람(선플레이어)부터, 왼쪽으로 차례대로 턴이 돌아옵니다.

2. 투고된 논문의 게재 성공 여부 확인: 제일 먼저 '투고' 상태인 논문이 있는지 확인합니다. 투고된 논문이 있다면 주사위 하나를 굴려 게재 성공 여부를 확인합니다.

→ 4, 5, 6이 나오면 성공: 논문 투고된 아이디어카드에 논문커버를 씌웁니다.

→ 1, 2, 3이 나오면 실패: 다시 연구계획서 제안 단계로 돌아갑니다(아이디어카드를 옆으로 눕혀둡니다).

3. 행동(액션): 최대 4개의 행동(액션)을 하며 차례를 넘깁니다. 같은 행동을 여러 번 해도 됩니다. 위의 논문 게재 확인은 액션으로 세지 않습니다.

4. 라운드 종료: 이렇게 한 바퀴를 다 돌면 한 라운드가 종료됩니다.

라운드 중 자기 차례에 가능한 행동(액션)

자기 차례가 오면, 각 플레이어는 다음과 같은 행동을 합니다. 행동은 한 번 자기 차례가 돌아왔을 때 최대 4번까지 할 수 있으며, 이 4번 안에서는 같은 행동을 여러 번 해도 됩니다.

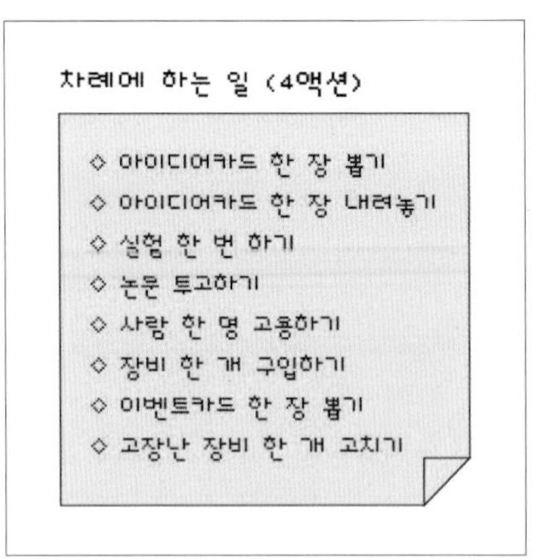

1. 실험장비 구입하기

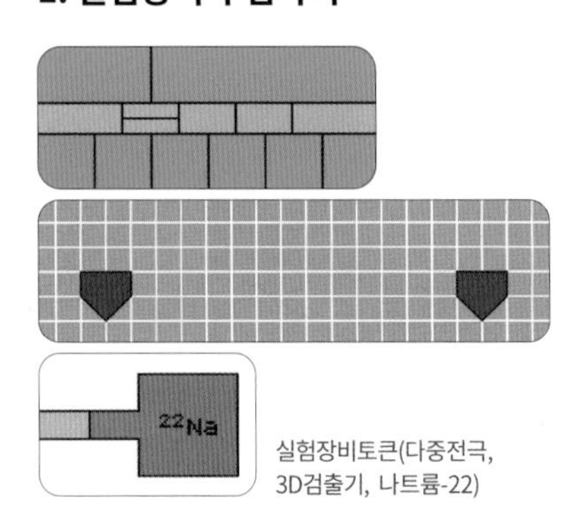

실험장비토큰(다중전극, 3D검출기, 나트륨-22)

파란색 사각형은 양전자 생성 실험, 노란색 사각형은 반양성자 생성 실험, 녹색 사각형은 반수소 생성 실험을 하기 위한 실험장비입니다. 각 실험별로, 실험장비가 갖추어져야 실험을 할 수 있습니다.

각 장비의 가격: 하나당 5디랙입니다. 3D검출기는 항상 한 쌍(두 개)을 한꺼번에 사야 하며 10디랙이 듭니다. 실험 장비 하나를 구입할 때마다 1액션이 듭니다.

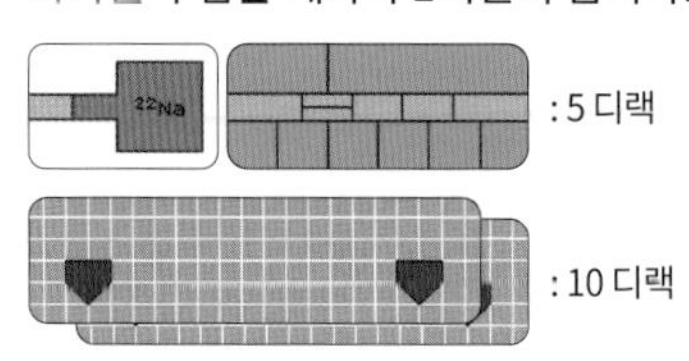

2. 인력 고용하기

인력 풀에서 원하는 사람을 한 명 데려와 개인보드에 끼웁니다. 한 명을 데려올 때마다 행동(액션) 1개를 소모합니다.

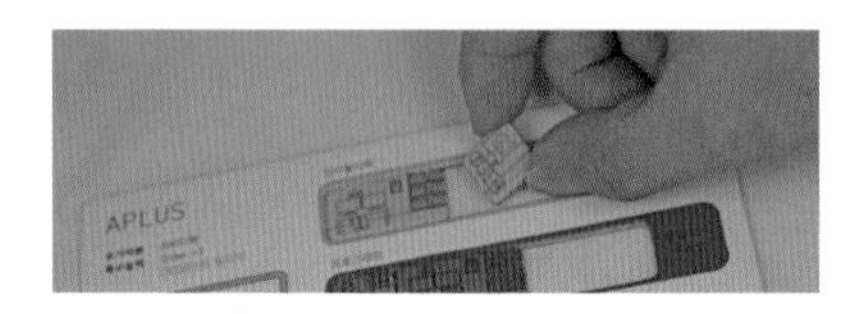

3. 개인이벤트카드 한 장 뽑기

플레이어 1명에게 적용되는 효과입니다. 즉시 모두에게 공개하고 효과를 적용받거나, 다른 플레이어에게 줄 수 있습니다(받은 플레이어는 다른 플레이어에게 넘길 수 없고 즉시 적용받습니다).
장비(TOOL): 즉시 공개한 후 곧바로 쓰거나, 개인보드 옆에 앞면으로 보관합니다. 게임 중 자기 차례가 오면, 사용하고 싶을 때 액션 소모 없이 사용할 수 있습니다. 다른 플레이어에게 넘길 수도 있습니다.

4. 아이디어 카드 한 장 뽑기

아이디어카드를 한 장 뽑습니다. 아이디어카드는 다른 플레이어가 보지 못하도록 합니다.

손에 들고 있을 수 있는 아이디어카드의 최대 숫자는, 현재 자신의 개인보드에 있는 교수의 숫자와 같습니다.

5. 연구계획서 제안하기

아이디어카드의 '제안 조건'이 갖추어졌을 때 '연구계획서 제안'을 할 수 있습니다. 어려운 난이도를 즐기기 위해 전체이벤트카드에 '연구계획서 제안시기' 카드를 포함시켰다면, '연구계획서 제안시기'가 나왔을 때만 연구계획서를 제안할 수 있습니다.

이미 게재에 성공한 논문이 있다면, 그 논문과 그림이 같은 아이디어카드를 제안할 때는 행동(액션)을 소모하지 않습니다.

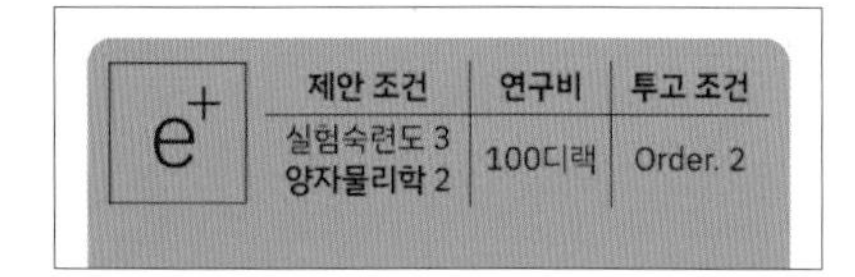

연구계획서를 제안할 때 연구비를 받습니다. 연구계획서를 제안할 때는 카드를 가로로 길게 내려놓으면 됩니다(카드의 '연구계획서 제안' 텍스트가 똑바로 보이는 방향).

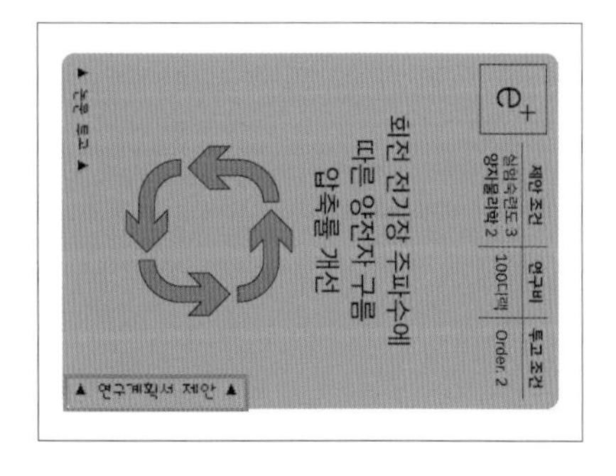

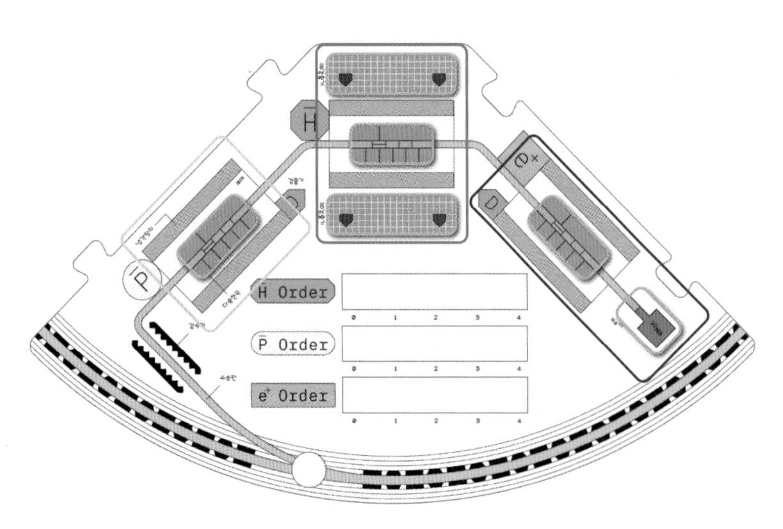

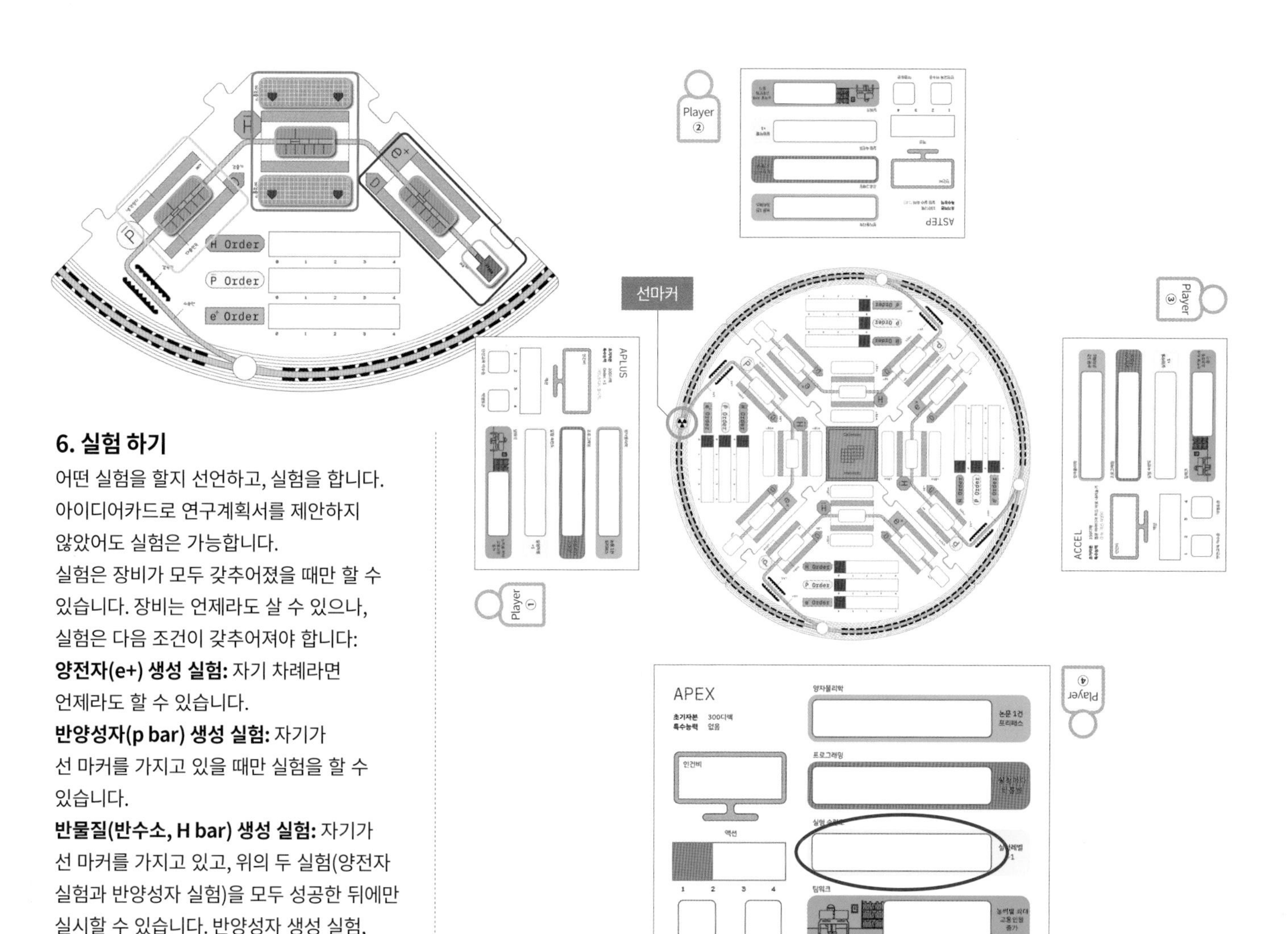

6. 실험 하기

어떤 실험을 할지 선언하고, 실험을 합니다. 아이디어카드로 연구계획서를 제안하지 않았어도 실험은 가능합니다.
실험은 장비가 모두 갖추어졌을 때만 할 수 있습니다. 장비는 언제라도 살 수 있으나, 실험은 다음 조건이 갖추어져야 합니다:
양전자(e+) 생성 실험: 자기 차례라면 언제라도 할 수 있습니다.
반양성자(p bar) 생성 실험: 자기가 선 마커를 가지고 있을 때만 실험을 할 수 있습니다.
반물질(반수소, H bar) 생성 실험: 자기가 선 마커를 가지고 있고, 위의 두 실험(양전자 실험과 반양성자 실험)을 모두 성공한 뒤에만 실시할 수 있습니다. 반양성자 생성 실험, 반수소 생성 실험을 할 수 있는 사람은 현재 선마커를 가진(즉, 이번 라운드 첫 턴에 행동을 하는) 1번 플레이어 입니다. 이번 라운드의 선이 이 기회를 사용하지 않겠다면, 다른 플레이어가 선에게 비용을 지불하고 '대여'할 수 있습니다. 비용을 선과 협의로 정합니다. 실험 방법은 다음과 같습니다.
양전자(e+) 생성 실험, 반양성자 생성 실험: 룰렛을 돌립니다. 결과에 따라 실험결과카드 최적화, 실수, 고장을 각각 한 장 뽑습니다. 실험결과카드에서 나온 order만큼 전체보드의 빨간색 마커를 움직여 order를 표시합니다.

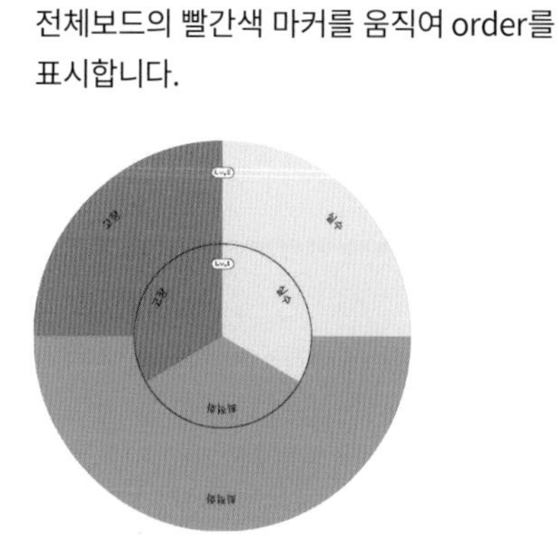

룰렛의 안쪽은 실험레벨이 Lv.1일 때, 바깥쪽은 Lv.2일 때 사용합니다.

처음 게임을 시작했을 때는 모든 플레이어의 실험레벨이 Lv.1입니다. 개인보드의 '실험숙련도' 칸에 인력을 가득 채우면 Lv.2가 됩니다.

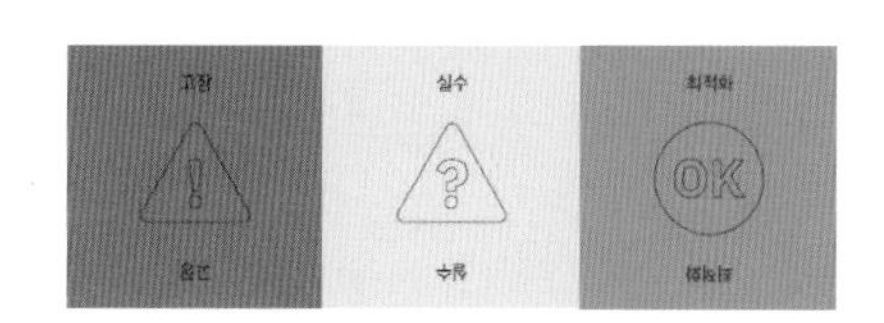

실험결과카드. 룰렛에 나온 결과에 따라 '성공', '실수', '고장' 카드 중 해당하는 실험결과카드를 한 장 뽑아 확인합니다. 카드 내용에 따라 'order'를 움직입니다. 뽑은 실험결과카드는 카드 더미에 다시 되돌려 넣고 잘 섞습니다.

고장이라면 고장 마커를 해당기기에 올려둡니다.

반물질(반수소, H bar) 생성 실험: e+(양전자)와 p bar(반수소)의 order만큼의 주사위를 동시에 굴립니다. 같은 숫자가 한 쌍이 된 만큼 H bar의 order를 올립니다(한 쌍이 나왔으면 order는 +1, 두 쌍이 나왔으면 order는 +2).

7. 고장난 장비 수리

액션을 사용하여 고장마커를 하나 지웁니다. 고장 마커가 올라가 있는 한 이 설비로 하는 실험은 실시할 수 없습니다.

8. 논문 투고하기

투고하려는 아이디어카드를 세로로 세웁니다. 결과는 다음라운드의 내 차례를 시작할 때 확인합니다

조건: 제안된 아이디어카드의 투고조건에 맞는 order가 필요합니다. 아래의 예시의 카드는 양전자의 order가 2 이상일 때만 투고할 수 있습니다.

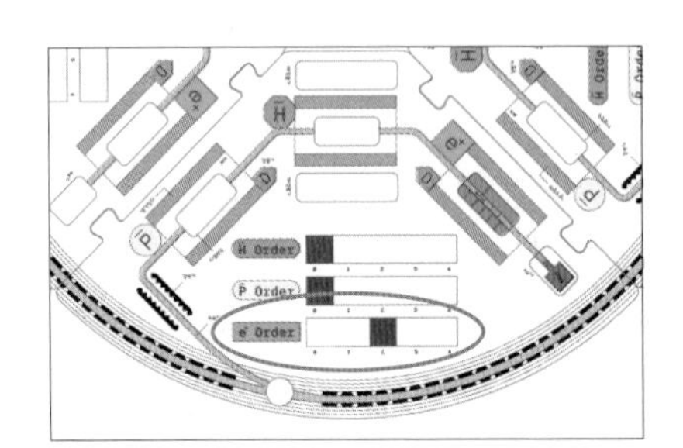

라운드 종료 및 다음 라운드 준비

인건비 지출

각 플레이어는 자신의 개인보드르 보고 인건비를 합산하여 지출합니다. 교수는 10디랙, 대학원생은 0디랙, 다른 인력은 5디랙입니다.

인력 해고는 언제라도 가능합니다.

단, 해고로 인건비를 아끼면 인력을 고용하는 데 필요한 턴이 낭비되는 셈이니, 전략적인 선택을 하세요.

앞선 라운드에 뒤집혀져 있던 전체이벤트카드는 한쪽에 잘 모아둡니다.

전체이벤트카드가 모두 사용되어 한 장도 남아있지 않다면, 사용된 전체이벤트카드들을 잘 섞어서 다시 사용합니다.

'라운드 준비' 단계로 돌아가 다음 라운드 진행

'선 마커'를 왼쪽 사람에게 넘긴 뒤 다음 라운드를 시작합니다. 선마커를 받은 사람이 이번 라운드에서 첫 턴에 플레이합니다.

먼저 3 종류의 논문 제출에 성공한 플레이어가 우승하고, 게임을 끝냅니다.

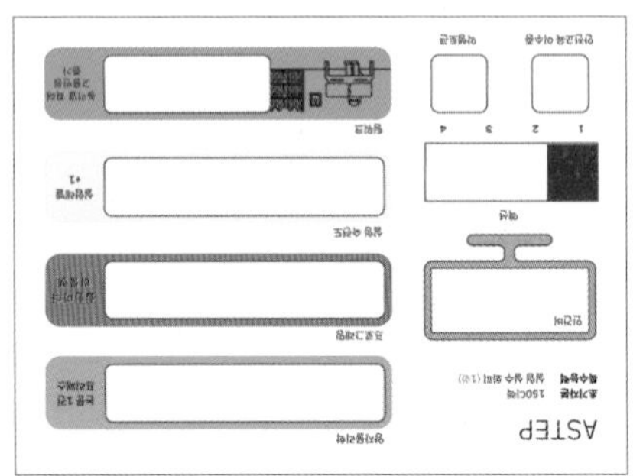

앞선 라운드에서 두 번째 턴이었던 사람이, 이번 라운드에서는 선마커를 받아 첫 턴에 플레이합니다.

선마커의 위치를 옮깁니다.

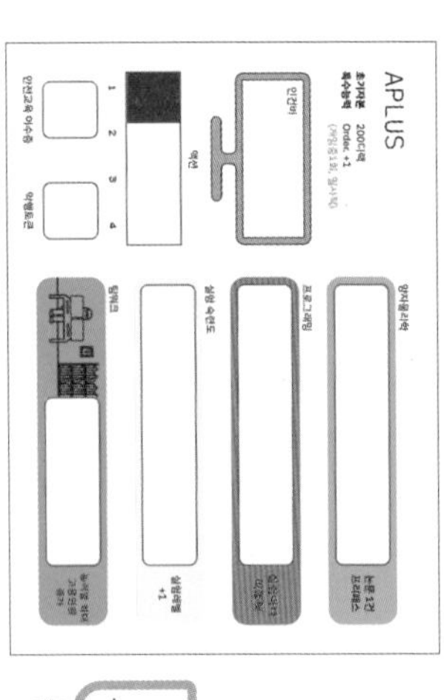

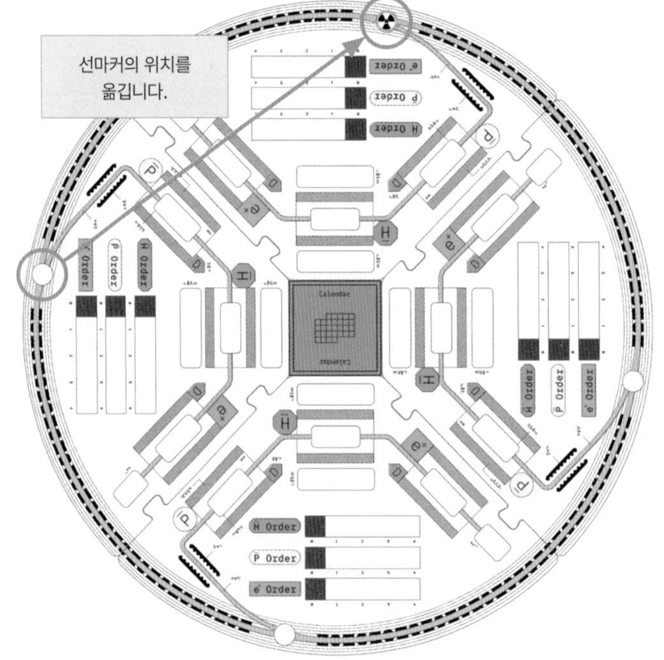

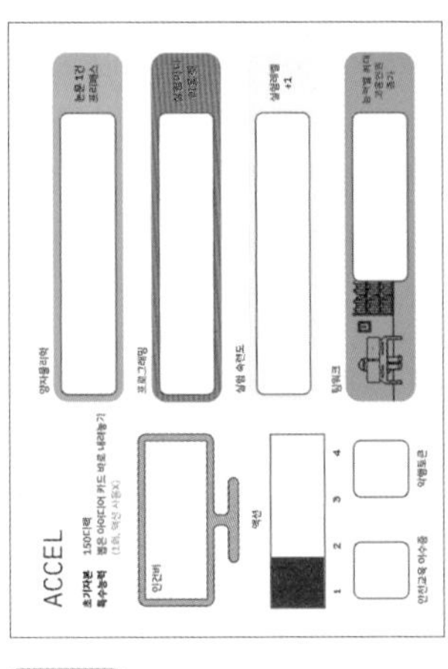

Player
②

Player
③

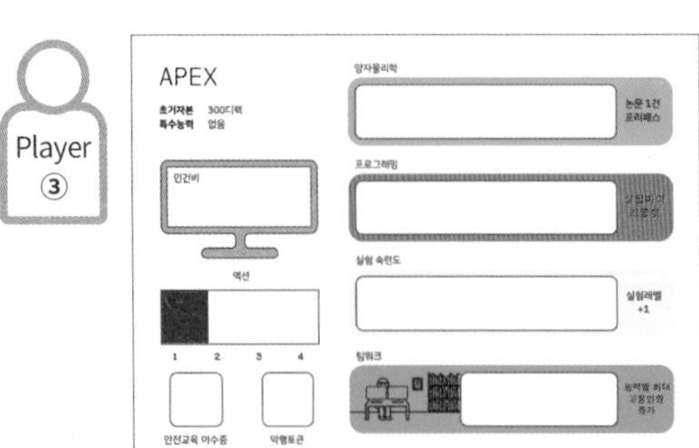